情報科学 野崎昭弘／黒川利明／疋田輝雄
こんせぷつ 竹内郁雄／岩野和生 編集　1

コンピュータの仕組み

尾内 理紀夫 著

朝倉書店

まえがき

　まず，本書はどのような人々に読まれることを想定しているのか，どのような人に読んでほしいのか，について述べよう．日本国内で毎年数百万台のパソコンが販売され，今やコンピュータを見たり，それに触れたりした経験をもつ人々が多数派になった．しかし，「あなたはコンピュータの仕組みがわかっていますか？」と聞かれて，「はい」と答えられる人は今でも少数派だろう．本書は，コンピュータをブラックボックス，つまり中身のわからない箱ではなく，中身すなわちその仕組みの基本を理解したいという人を対象にしている．

　鋭い人ならば，ここで，コンピュータの中身とは何だろうか，仕組みの基本とは何だろうか，という質問をするであろう．今やコンピュータは複雑化し，すみずみまで，とことん理解することは難しいし，コンピュータ自体を生業とする人以外，必要もない．そこで，「あなたはコンピュータの仕組みがわかっていますか？」と聞かれて，「まあ，一応」と答えられるために理解しなければならないことを本書の守備範囲とする．基本姿勢としては，コンピュータの仕組みとして，過去（といっても1950年前後であるが）に存在し，今でも存在している技術・概念については，これからも存在する可能性大ということで解説した．また現時点で存在し，これからも存在するであろう基本技術（これは人によって多少違うだろうが）についても解説した．なおコンピュータの仕組みを説明する際の具体的なマイクロプロセッサとしては，主としてMIPS，従としてSPARCを取り上げた．MIPSを主とした理由は，MIPSにはWWW上にMIPSを模するシミュレータがあり，MIPSが身近にない読者でも，このシミュレータを使用してコンピュータ内部の動きを体験することができるからである．

　本書の読者としては，「あなたはコンピュータの仕組みがわかっていますか？」と聞かれて，「（謙遜気味に）まあ，一応」と答えたいという人ならば，老若男女を問わない．情報に関係する学科等に所属する大学生・専門学校生・高専生，そしてコンピュータに興味をもつ高校生ももちろん読者対象である．そのため，コン

ピュータに関する予備知識はなるべく不要なように，コンピュータの仕組みの基本を理解するために必要なことをわかりやすく解説することを心がけた．

次に本書の読み方である．コンピュータの仕組みをまずは知りたい人も，学生（大学，専門学校，高専，高校などの）も，第1章から順に読んでほしい．アセンブリ言語を使用できる環境にはない読者の方々は，付録Bに掲載したMIPS用シミュレータSPIMの使用法を読んで，SPIMを使いながらコンピュータ内部の動きを実地体験してほしい．学校にMIPS搭載のコンピュータがある学生も，MIPS用シミュレータSPIMを使うことは理解の助けになると思う．学校でSPARC搭載のコンピュータを使用している学生は，アセンブリ言語と機械語命令に関しては第6章をスキップし，付録Dを読んでから第7章のパイプライン処理に戻ってほしい．

本書は情報科学こんせぷつシリーズの一冊である．このシリーズの目指すところは，基本的な概念に適切な「言葉による定義」を与えて，論理的に理解できるようにし，中心的な概念(本書の場合はコンピュータ)についてのメンタルモデル（イメージ）をもてるようにすることである．また網羅的に解説するのではなく，「本当に大切なことがわかればよい」という重点主義を採用している．そこでコンピュータの仕組みの基本を理解する上で真に重要なことをピックアップし，それらに関しては多少詳しく説明するという方針で本書を執筆した．よって情報処理技術者などの資格試験の受験勉強をしている方たちが，コンピュータの仕組みの基本を確実に理解したいといった場合にも本書は役に立つと思う．またコンピュータの仕組みの基本についての講義・授業の教科書，サブテキストとしての使用も可能である．

世の中には，高度な仕組みをもったコンピュータも存在するし，さらに新種のコンピュータも出現してくるだろう．しかし本書で説明したコンピュータの仕組みの基本を理解しておけば，新たな発展に追従していくことが可能であると考える．ご一読の上，感想をいただければ幸いである．

最後に，本書執筆の端緒を開いてくださった情報科学こんせぷつシリーズ編集に携わる電気通信大学竹内郁雄教授，執筆を暖かく見守っていただき，また適切な助言をいただいた朝倉書店編集部に深謝する．

2003年早春

尾内　理紀夫

目　　次

1. ノイマン型コンピュータ ……………………………………………… *1*
   1.1 開 発 略 史 ……………………………………………………… *1*
   1.2 定　　義 ………………………………………………………… *5*
   1.3 構造と機能 ……………………………………………………… *6*
   1.4 マイクロプロセッサ …………………………………………… *11*
   1.5 性 能 比 較 ……………………………………………………… *14*

2. アーキテクチャとハードウェア，ソフトウェア ………………… *19*
   2.1 アーキテクチャ ………………………………………………… *19*
   2.2 ハードウェア階層とソフトウェア階層 ……………………… *20*
   2.3 翻 訳 階 層 ……………………………………………………… *23*

3. 数 の 表 現 ………………………………………………………… *26*
   3.1 ビットの意味 …………………………………………………… *26*
   3.2 基　　数 ………………………………………………………… *29*
   3.3 N進数からM進数への変換 ………………………………… *30*
   3.4 整　　数 ………………………………………………………… *34*
   3.5 実　　数 ………………………………………………………… *39*

4. オペランドとアドレス …………………………………………… *44*
   4.1 オペランド形式 ………………………………………………… *44*
   4.2 オペランド指定とアーキテクチャ …………………………… *46*
   4.3 アドレス指定 …………………………………………………… *48*
   4.4 アドレス付与規則 ……………………………………………… *55*

5. 基本的演算とその拡張 …… 61
- 5.1 論理演算 …… 61
- 5.2 加算と減算 …… 64
- 5.3 乗算 …… 68
- 5.4 除算 …… 70
- 5.5 シフト演算 …… 73
- 5.6 サブルーチン …… 74

6. MIPS アセンブリ言語と機械語 …… 79
- 6.1 アセンブリ言語構文 …… 79
- 6.2 機械語命令の形式 …… 82
- 6.3 命令詳細 …… 84

7. パイプライン処理 …… 102
- 7.1 たとえ話 …… 102
- 7.2 RISC 型 CPU …… 105
- 7.3 流れを乱すもの …… 109

8. 記憶階層 …… 116
- 8.1 局所性原理と階層構造 …… 116
- 8.2 キャッシュ方式 …… 118
- 8.3 仮想記憶方式 …… 127

9. 入出力 …… 137
- 9.1 入出力インタフェース …… 137
- 9.2 入出力制御 …… 139

付録 A. EDSAC のプログラミング …… 143
- A.1 プログラム可変法 …… 144
- A.2 B レジスタ法 …… 145
- A.3 サブルーチン …… 146

付録B. MIPSシミュレータ：SPIM ... *148*
- B.1 GUI ... *149*
- B.2 アセンブラ指令 ... *152*
- B.3 システムコール ... *152*
- B.4 プログラム例 ... *153*
- B.5 機械語命令のビット列 ... *156*

付録C. MIPS合成命令 ... *158*
- C.1 乗算合成命令 ... *158*
- C.2 除算合成命令 ... *158*
- C.3 比較合成命令 ... *159*
- C.4 分岐合成命令 ... *160*

付録D. SPARCアセンブリ言語と機械語 ... *162*
- D.1 アセンブリ言語構文 ... *162*
- D.2 機械語命令の形式 ... *165*
- D.3 命令詳細 ... *166*

参考文献 ... *183*
索　　引 ... *185*

1

ノイマン型コンピュータ

　我々が見聞きするコンピュータにはいろいろなものがある．パソコン，サーバー，ワークステーション，メインフレームコンピュータ，スーパーコンピュータ等々．それらすべてのコンピュータの仕組みの基本は1950年前後に確立された．そしてその後，多くの改良が施されたが基本は変わっていない．技術の進歩が速く，よって技術の陳腐化が速い情報技術分野において，60年も前の基本が今も変わっていないということは驚異である．それだけコンピュータの仕組みの基本は優れたものであったということであり[*1]，基本とそれがもっていた欠点克服のための改良について理解すれば，現在のコンピュータの仕組みを理解したといえよう．本章では，基本となるノイマン型コンピュータに至る開発略史，ノイマン型コンピュータの定義と構造・機能，その後の発展形であるマイクロプロセッサ，そしてコンピュータの性能比較について説明する．

1.1　開　発　略　史

　1950年前後に確立されたノイマン型コンピュータと呼ばれるデジタルコンピュータについて，まずは1940年代のコンピュータの開発史に軽くふれながら説明していく[*2]．

（1）　コンピュータの世代

　本書でのコンピュータはリレーなどを用いた機械式でなく，真空管を素子として使用した電子式から始まり，その使用素子によりいくつかの世代に分類される（表1.1）．
　各世代は5年から10数年くらい続いたが，1980年代からの第4世代以降，す

[*1] 膨大な量のソフトウェアがすでに開発，蓄積されてしまったため，別の仕組みのコンピュータに乗り換えたくてもできない，という側面もある．
[*2] コンピュータの歴史について詳しく知りたい読者には，[Hoshino]を推薦する．

表 1.1 コンピュータの世代

世代	時　期	使　用　素　子
1	1950年前後から	真空管
2	1960年前後から	トランジスタ
3	1960年代半ば頃から	IC(integrated circuit：集積回路)．1個のシリコンチップ上に図2.1のハードウェア階層の回路素子を多数個実装したもの．
3.5	1970年代から	LSI(large scale integration：大規模集積回路)．およそ1000以上のトランジスタを搭載．
4	1980年代から	VLSI(very large scale integration：超大規模集積回路)．およそ10万以上のトランジスタを搭載．

なわち第5世代に関しては定説がない．日本においては1982年から10年強をかけた第5世代コンピュータプロジェクトがあったが，そこで完成された並列推論マシンをして第5世代ということには残念ながらなっていない．また100万から数100万以上のトランジスタを搭載したVLSIをULSI(ultra large scale integration)ということがあるが，これを第5世代と呼ぶことも定着していない．

歴史というとすぐに，「世界初のコンピュータは何か」，つまり第1世代のその最初のコンピュータは何か，という質問が出てくる．このような質問というかクイズに答えることは本書の目的ではない．しかしコンピュータの仕組みの基本について解説するためには，コンピュータとは何かを定義しなければならなく，これはとりもなおさず世界最初のコンピュータにかかわってくる．ちなみに電子式デジタルコンピュータが存在する以前においては，コンピュータという語は「計算をする人」を意味し，今でもcomputerの訳として「計算をする人」をあげている辞書がある．だからこそ，コンピュータとは何かを定義しなければ，何が世界初かも決めることはできない．以降，コンピュータの定義を念頭におきつつ，歴史を簡単にみていくことにしよう．ただしコンピュータ開発の黎明期に関しては今となっては不明のこともあり，人によって世界初のコンピュータは微妙に異なることをつけ加えておく．

（2）**ENIAC**(エニアック)

まず，世界初のコンピュータというとよく出てくる有名なマシンにENIAC (Electronic Numerical Integrator and Calculator)がある．これは，米国ペンシルベニア大学ムーア校で，弾道計算を目的にエッカート(J. Presper Eckert)とモークリー(John W. Mauchly)によって1943年に開発がスタートし1946年に公にされた．ENIACはリレーなどを使用した機械式ではなく電子式であり，か

つデジタル方式であり，実際に多くの科学技術計算に使用された．真空管が18000本も使われていたため，その大きさは高さ3m弱，長さ25mほど，奥行き1m弱，重さ30tという巨大なものであった*3．真空管がきわめて多数使用されていたために電力を食い，ENIACの電源を入れると大学周辺の家庭の電灯が暗くなったという逸話が残っているくらいである．真空管を見たこともない若い人にはピンとこないだろうが，ENIACは途方もなく巨大だった．筆者は米国ワシントンのスミソニアン博物館でENIACの一部分を見たことがあるが，一部分であってもデカかった．

ENIACではプログラミングはどうやっていたかというと，1946年時点では，人間が手作業で外部の配線を変更して(多数のスイッチを切り替えたり，ケーブルを差し替えて)設定するというプログラム外部供給方式であった．この方式ではプログラムの変更には多くの時間を要した．データは，パンチカードという紙をカード読み取り機にかけることにより入力した．

1948年にENIACは改良され，プログラムを内部に置くプログラム内蔵方式が追加された．このプログラムを内蔵するというアイデアにより，ハードウェアに対するソフトウェアという概念が誕生した．プログラム内蔵方式は，蓄積プログラム方式，ストアドプログラム(stored program)方式ともいわれる．

改良ENIACにおいてプログラムは内蔵方式とはなったが，可変内蔵方式ではなく固定内蔵方式であった．プログラム可変方式とは，プログラム実行時にデータだけでなく命令自体を書き換えることが可能な方式である．文献によってはENIACを世界初の実用的汎用コンピュータと紹介している．コンピュータの定義にもよるが，プログラム可変とすることによってその能力が飛躍的に高まり，可能性が大きく広がったことを考えると，プログラム固定内蔵方式はコンピュータとしてはいま一歩である*4．

(3) **EDVAC**(エドヴァック)

ENIACの開発に途中から携わった天才数学者ジョン・フォン・ノイマン(John von Neumann)*5は，ENIAC開発の経験をベースにさらなる高性能化を目指し，エッカート，モークリーらと検討を重ね，それをまとめたプログラム可変内蔵方式のコンピュータEDVAC(Electronic Discrete Variable Automatic

---

*3 http://www.library.upenn.edu/special/gallery/mauchly/jwmintro.html に壁に沿ってU字型に設置されたENIACの写真がある．

*4 当時のプログラム可変方式については付録A.1節を参照してほしい．

*5 この人について詳しく知りたい人はたとえば[Macrae]などを参照．

Computer)に関する草稿を書いた．このEDVACに関する機密草稿を1945年に流出させたゴールドシュタイン(Herman H. Goldstine)がノイマンの単独名の草稿としたことから，ノイマン型コンピュータあるいはフォン・ノイマン型コンピュータという名が広まり，現在に至るまでその呼称が流布している．一方，エッカートとモークリーは自分たちの名前が載っていなかったことに不満であり，EDVAC開発に関して大学内に対立が起こったことも一因で，開発は停滞してしまった．

(4) EDSAC(エドゥサック)

英国ケンブリッジ大学のウィルクス(Maurice V. Wilkes)はEDVACの影響を受け，1947年，EDVACとよく似たプログラム可変内蔵方式のコンピュータEDSAC(Electronic Delay Storage Automatic Calculator)の開発に着手し，1949年に稼動させた．実験機としては1948年に英国マンチェスター大学でBaby Mark-Iというプログラム可変内蔵方式のコンピュータが開発されており，EDSACは世界初のソフトウェアが整備された実用的プログラム可変内蔵方式コンピュータということになる．サブルーチンの方式に関してはこのEDSACで採用された方式が元祖となり(付録A.3節参照)，またEDSACそしてその改良版開発時にソフトウェア開発の重要性，大変さが自覚された．この大変さ，つまりバグを取ることの大変さは今もってプログラム開発者の悩みの種である．そしてEDSACの稼動から遅れること2年，EDVACは1951年になんとか稼動を開始した．

このような経緯で，EDVAC，EDSAC，改良版EDSACによりノイマン型コンピュータあるいはフォン・ノイマン型コンピュータと呼ばれるコンピュータの仕組みの基本が確立され(以降，本書ではノイマン型コンピュータと呼ぶ)，その基本は60年程経過した現在に至るまで健在である．そしてこれからも当分は健在だと思う．よって今ノイマン型コンピュータの仕組みを理解してもその知識は当分陳腐化しないのでご心配なく．IT(information technology，情報技術)分野はドッグイヤーといわれる[*6]．1950年頃というのはドッグイヤーでいえば250年から350年以上も前ということであり，その頃の仕組みの基本が今もって健在であるということは本当に驚くべきことである．

[*6] 犬の寿命は人の寿命の1/5から1/7のため，犬にとって時間は人間の体感速度の5倍から7倍の速度で過ぎ去っていく．それほどIT分野は流れが速いということ．

1.2 定義

ノイマンが ENIAC, EDVAC などの黎明期のコンピュータ開発に大きな影響を与え, プログラム可変内蔵方式をはじめとする現在のコンピュータの基本の確立に大きな貢献をしたことは事実である. しかしその基本概念が具現化されたコンピュータをノイマン型と呼ぶのはノイマン以外の貢献者を低く評価しすぎている, あるいはノイマン自身, 自分が発明者だと認めたことはないということでノイマン型コンピュータという語を好まない人, あえて使用しない人もいる. 本書では前節のようにノイマンの業績を誤解のないように説明した上でノイマン型コンピュータという呼称を採用することにする. 現在のコンピュータの仕組みの基本を一言で表現するのにノイマン型コンピュータという語は便利だし, この表現は一般的慣習にもなっているからである.

EDVAC, EDSAC の構造と機能から, ノイマン型コンピュータの定義は大きく以下の4点にまとめることができよう.

(1) プログラム可変内蔵方式

プログラムを構成する命令とデータをともにコンピュータ内部のメモリに内蔵させる. このとき, 命令とデータを区別せず, 命令もデータのように処理可能である. よって実行時にプログラムの任意の部分を書き換えることが可能である. すなわちプログラムは固定でなく, 可変である.

(2) 逐次制御方式

命令は一度に一つずつ, 順に(逐次に)実行される. これを命令逐次ともいう. またデータも一度に1ビットずつ処理される. これをビット逐次ともいう.

(3) 一つのプロセッサと一つのメモリ

プロセッサは, メモリから命令, データを読み込み, 命令を実行し, 結果を再びメモリに格納する. この1プロセッサ1メモリと逐次制御方式はノイマン型コンピュータの長所であるが欠点でもあった. その欠点を克服するための研究開発が行われ多くの技術が確立された. そのうちのパイプライン処理, 記憶階層という技術に関しては第7章と第8章で説明する.

(4) 線形アドレス空間

ノイマン型コンピュータのメモリにはアドレスがついている. アドレスは番地とも訳されるように, いわば住所である. この番地は, 0から始まる番号順に1次元的に付与されているため線形アドレスという. アドレスが16ビットで表現

されるならば，アドレスは 0 から $65535(2^{16}-1)$ になる．後述するが，アドレスは多くの場合バイト単位*7 で付与される．また，これらのアドレスで表現される部分を「空間」と呼ぶことがある．たとえば，アドレス空間，メモリ空間といった具合である．

1.3 構 造 と 機 能

1.3.1 EDSAC の構造と機能

ノイマン型コンピュータの元祖ともいうべき EDSAC の構造概略を [Wilkes] の図をベースに，適宜加筆したものを図 1.1 に示す．[Wilkes] は 1957 年に出版された第 2 版であり，記載されている EDSAC は最初の EDSAC に対して改良が施されている．以下 EDSAC に関しては [Wilkes] に記載された改良 EDSAC に準拠することにする．

図 1.1 のレベルでみている限り，1950 年代半ばのコンピュータの仕組みは現在のコンピュータの仕組みとそれほど大きくは変わっていない．要するに EDSAC も現在のコンピュータもともにノイマン型コンピュータだというわけである．ノイマン型コンピュータは，制御部と演算部，メモリ部，入力部，出力部から構成される*8．

EDSAC の演算部には演算ユニットとして算術演算ユニット，レジスタ(高速メモリ)としてアキュムレータがある．また算術演算ユニットには乗算用の乗数

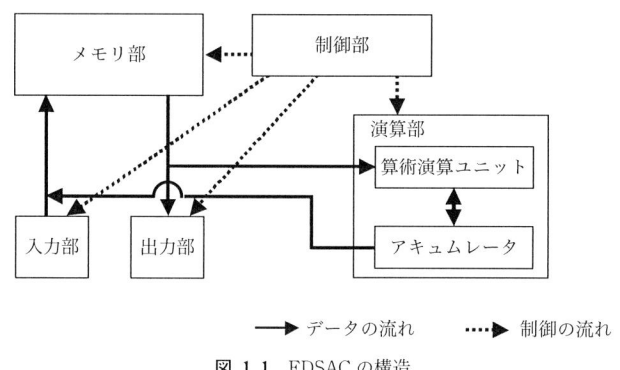

図 1.1 EDSAC の構造

---

*7 8 ビットを 1 単位としたビット列の単位をバイト(byte)という．たとえば 2 バイトは 16 ビットである．
*8 制御装置，演算装置，記憶装置，入力装置，出力装置ともいう．

を置く乗数レジスタがある．演算結果を一時格納するレジスタがたった一つであり，すべての演算結果がこのレジスタに堆積（accumulate）されるので，このレジスタをアキュムレータと呼ぶ．演算結果を一時格納する場所がアキュムレータしかないコンピュータをアキュムレータマシンとかアキュムレータアーキテクチャ[*9]という．よってEDSACはアキュムレータアーキテクチャである．

アキュムレータアーキテクチャでは演算結果を一時格納するレジスタがアキュムレータ一つしかないから，二つ以上のデータを使って演算（たとえば加減算）を実行する場合でも，そのうちの一つのデータしかアキュムレータに格納することはできない．残りのデータはメモリ部に格納しておき，演算実行時にメモリ部から演算部に逐次転送しなければならない．このような構造は単純でありメモリがきわめて少量しか用意できなかった時代としては当然であった．しかし演算部とメモリ部との間のデータの転送（メモリトラフィック）が増加する傾向が強く，データが通過する部分が詰まり気味になってしまう．データを自動車とすれば演算部とメモリ部の間の道路が渋滞してしまう．これはノイマン型コンピュータの欠点の一つであり，フォン・ノイマン・ボトルネック（フォン・ノイマンの隘路）と呼ばれる．

最初のEDSACにはなかったが，改良EDSACではBレジスタと呼ばれるインデックスレジスタが追加され，そのための命令も用意された．アキュムレータがAレジスタと呼ばれていたので，これはBレジスタと呼ばれた．インデックスレジスタの機能については4.3節に，Bレジスタを用いたプログラムについては付録A.2節に説明を載せた．

EDSACではメモリ内の位置を表すためにメモリにはアドレスが付与されており，サブルーチンを実現するため絶対アドレス，相対アドレスという概念もすでにあった．絶対アドレス，相対アドレスについては4.3節に，サブルーチンに関しては5.5節に，EDSACのサブルーチンについては付録A.3節にそれぞれ説明を載せた．

1.3.2 もう少し詳しい構造と機能

図1.2にその後の発展を加味したノイマン型コンピュータの構造を示した．ただしメモリ部，制御部，演算部，入力部，出力部という基本は不変である[*10]．プロセッサ（CPU：central processing unit，中央処理装置）は制御部と演算部か

[*9] アーキテクチャについては第2章参照．
[*10] 紙面の都合で図1.2では入力部と出力部は入出力部としてまとめて描いてある．

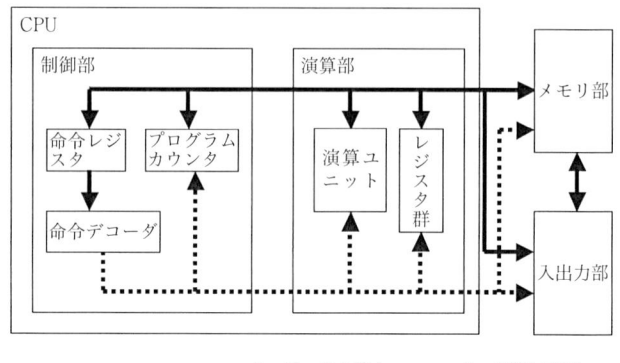

図 1.2 ノイマン型コンピュータの構造

ら構成される.

メモリ部(主メモリ,主記憶とも呼ばれる[*11])にはプログラムを構成する命令とデータが格納される.

入力部は現在ではキーボード,マウス,スキャナ,デジカメ,マイクなどであり,各種データがここから入ってくる.出力部は現在ではディスプレイ,プリンタ,スピーカなどであり,各種データが出力(表示,印刷)される.

メモリ部が主記憶と呼ばれるということは,主でない記憶が存在する.それを2次記憶あるいは補助記憶と呼び,実際は磁気ディスクなどである.磁気ディスクなどの2次記憶はデータの入出力が可能であるから,入力部と出力部を合わせた図1.2の入出力部に2次記憶は位置する.入力装置,出力装置,2次記憶装置を合わせて周辺装置と呼ぶ.

以下,CPU,バス,プログラム実行について説明していく.

(1) CPU

a. **演算部** CPU内演算部には演算ユニットとレジスタ群がある.演算ユニット内には,加算装置をはじめ各種の演算装置があり,算術演算,論理演算等の演算が実行される.

レジスタというのは一時格納用の高速メモリであり,(2)b.で説明するデータバス経由でメモリ部から読み出されたデータが格納されたり,演算ユニットでの演算結果が格納されたりする.レジスタにはインデックスレジスタ,ベースレ

[*11] memoryの訳語として,「メモリ」,「記憶」がある.本書では話題,文脈により適宜選択する.

ジスタなどもある(4.3 節参照).フォン・ノイマン・ボトルネックを克服するための技術の一つとして,現在では 32 個以上の多数のレジスタ(レジスタ群)を演算部に配置し,それらのレジスタを各種の目的に使用することにより,ボトルネックの解消を図っている.このような多数のレジスタを演算部にもったアーキテクチャを汎用レジスタアーキテクチャという.汎用レジスタアーキテクチャには 2 種類あり,これについては 4.2 節で説明する.

b. 制御部　　制御部はメモリ部から取り出した機械語命令に従って,演算部,メモリ部,入出力部を制御する.言葉を変えれば,演算部,メモリ部,入出力部に各種の指示を与える.機械語命令は主に,演算(たとえば加算,減算など)を指定する命令オペレータ部分[12] と,演算対象となるオペランド(レジスタ,アドレス,値など)部分[13] から構成され,コンピュータが直接実行できる形,すなわち 0 と 1 の並びである[14].

EDSAC では機械語命令数は 30 数個(最初の EDSAC では 20 弱であった)と現在のコンピュータの命令数に比べれば少ないが,加減算,乗算,データ転送,シフト,条件分岐といった基本的命令はすでに存在していた.これらを用いた EDSAC のプログラミングについては付録 A に載せた.現在のコンピュータにおけるプログラミングと比較していただきたい.

制御部は,プログラムカウンタ,命令レジスタ,命令デコーダなどから構成される.

・プログラムカウンタ:　レジスタの一種であり,命令アドレスレジスタとも呼ばれる.プログラムカウンタ(program counter)は PC と略されることも多い[15].PC はメモリ部に格納されている機械語命令のアドレスを保持する.たいていは次に実行する機械語命令のアドレスである.PC はレジスタの一種であるため,演算部のほうに入れる場合もある.

・命令レジスタ:　メモリ部から読み出した機械語命令を格納する.

・命令デコーダ:　機械語命令を解読(デコード,解釈ともいう)し,制御のための信号をコントロールバス経由で,演算部,メモリ部,入出力部へ送出する.プログラムカウンタの更新も制御する.

---

[12] 第 5 章で説明する.
[13] 第 4 章で説明する.
[14] MIPS の機械語命令は第 6 章に,SPARC の機械語命令は付録 D に解説した.
[15] パソコンも PC と略される.これは personal computer の頭文字をとったものである.PC という略語が現れたとき,それがプログラムカウンタの略なのか,パソコンの略なのかは前後の話から推測する必要がある.

（2）バ ス

CPU，メモリ部，入出力部（入力部，出力部，2次記憶）を連結する信号線の束（伝送路）をバスという．図1.2の実線矢印と破線矢印がこれに相当する．CPU内部の演算ユニットやレジスタを結ぶバスを内部バスという．CPUから外に出ているバスを外部バスといい，CPUとメモリ部，CPUと入出力部を結ぶ．バスが信号線16本の束ならば伝送語長（バス幅ともいう）は16ビット，32本ならば32ビットということになる．

外部バスには，アドレスバス，データバス，コントロールバスなどがある．図1.2において，CPUとメモリ部，CPUと入出力部を結ぶ実線で示されたデータの流れにはアドレスバスとデータバスの2種類があり，CPUとメモリ部，CPUと入出力部を結ぶ破線で示された制御の流れがコントロールバスである．

a．アドレスバス アドレスバスは，メモリ部のアドレスあるいは入出力部の入出力ポート（I/Oポート）アドレスを指定するためのバスである．CPUからこれらのアドレスを伝達する．

b．データバス データバスはCPUとメモリ部の間，CPUと入出力部の間を連結するバスであり，これらの間のデータ転送に使用される．

c．コントロールバス コントロール（制御）バスには，選択されるのがメモリ部なのか入出力部なのかを指定するセレクト信号と，何を実行するか，たとえば読み出しなのか書き込みなのかといったことを指示する信号とが伝達される．

● 例1　CPUがメモリ部内アドレスにデータを転送・格納する場合

① CPUはアドレスバス経由でメモリ部にアドレスを伝達する．

② CPUは書き込みを指示するライト信号をコントロールバス経由でメモリ部に伝達し（ライトをONにするともいう），データバス経由でデータを転送する．

③ CPUはメモリ部を選択するセレクト信号であるメモリリクエスト信号をコントロールバス経由でメモリ部に伝達する．メモリリクエストをONにするともいう．

④ メモリ部の指定されたアドレスにCPUからデータバス経由で転送されてきたデータが書き込まれる（格納される）．

● 例2　CPUが入出力部からデータを読み出す場合

① CPUはアドレスバス経由で入出力部にI/Oポートアドレスを伝達する．

② CPUは，読み出しを指示するリード信号をコントロールバス経由で入出力部に伝達し，入出力部を選択するセレクト信号であるI/Oリクエスト信号をコントロールバス経由で入出力部に伝達する．

③　入出力部は読み出したデータをデータバス経由でCPUに転送し，CPUはそれを受け取る．

入出力部とメモリ部との間のデータ転送に関しては第9章にて説明する．

（3）　プログラム実行

プログラム実行は概略以下のように進む．

①　プログラムカウンタの内容に従い，メモリ部から命令を読み出し（命令フェッチという），命令レジスタに格納する．

②　命令レジスタの内容を解読（デコード）し，それに基づき一連の制御が実行される．プログラムカウンタの内容を次命令のアドレスに更新する．

③　必要なデータがレジスタやメモリから取り出され，演算ユニットでの処理（算術演算，論理演算，アドレス計算など）が実行される．

④　演算ユニットでの実行結果をレジスタあるいはメモリに格納する．メモリからレジスタにデータをもってくる，あるいはレジスタの内容をメモリに格納する．手順①に戻る．

ノイマン型コンピュータは，逐次制御方式と1プロセッサ1メモリのため，プロセッサとメモリの間を頻繁に命令やデータが行き来し，ここが詰まりぎみになるという欠点（フォン・ノイマン・ボトルネック）があった．EDSAC以来のコンピュータの研究開発では，その欠点の克服に関して多くの努力が費やされた．そのうちのパイプライン処理と記憶階層という技術については第7章と第8章にて説明する．

1.4　マイクロプロセッサ

前節で述べたようにノイマン型コンピュータは，CPU（制御部と演算部），メモリ部，入出力部からなる．これは，EDVAC，EDSAC以来そうである．CPU（プロセッサ）は制御部と演算部から構成され，制御部は機械語命令に従って，演算部，メモリ部，入出力部に指示を与える．昨今，そのCPUの機能を1個のVLSIで実現したマイクロプロセッサ（略してMPU：micro processing unit）がコンピュータ内部に組み込まれている．読者は，たとえばインテル（Intel Corporation）社のペンティアム（Pentium）という名を聞いたことがあるかもしれない．このペンティアムというのは多くのパソコンに内蔵されているマイクロプロセッサの名称である．

さて，コンピュータの仕組みを説明するときに頭を悩ますのが，どのマイクロ

プロセッサを機械語命令セットなどの説明用に採用するかということである．書籍によっては，説明用の架空の機械語命令セットを定義して説明するものもある．本書では MIPS[*16] R シリーズ（後述の CPU 性能を表す MIPS と混同しないように）と SPARC[*17] という名の 2 種類のマイクロプロセッサを採用する．なぜ MIPS と SPARC なのか．これを説明するためにまず，CISC（シスク）と RISC（リスク）という話をする．

1.4.1 CISC と RISC

1971 年日本の電卓メーカーであったビジコン社と米国インテル社との共同開発により，CPU の機能を 1 個の LSI 上に実現した世界初のマイクロプロセッサ Intel 4004 が誕生した．Intel 4004 はデータ長（語長）4 ビットのマイクロプロセッサであり，トランジスタ数 2300 の LSI 1 個で実現された（ちなみに 2002 年段階でインテル社製 Intel Pentium 4 はトランジスタ数 5500 万を越えた）．その後，命令は 8 ビットから 16 ビットへと拡張され，さらに，1985 年に 32 ビットマイクロプロセッサ Intel 80386 が商用化された．この流れは，ハードウェアを複雑化させることにより，高機能な処理を一つの命令で実現することによって高性能化を目指すというものであった．そしてこの流れの中で実現されたマイクロプロセッサは CISC 型マイクロプロセッサと呼ばれる．

CISC というのは complex instruction set computer の頭文字を並べたものである．CISC の特徴はその命名のとおり，たとえば，遅いメモリからの命令取り出しを効率化するため 1 命令でメモリアクセスと演算を実行するなど，一つの命令に多くの処理を盛り込む複雑化された命令（複合化命令）が採用されていたことであった．これは 1971 年に登場した Intel 4004 以降のマイクロプロセッサで採用された方針であった．

当初の CISC 型マイクロプロセッサの弱点は二つあった．一つは，データ長が 8 ビットから 16 ビットそして 32 ビットへと拡張してきたため，それらの間の互換性をとる必要があり，関連するマイクロプロセッサ内論理が複雑化した．もう一つは，命令の操作コードの効率化のため，バイト単位で命令を増加させる，つまり命令語長をバイト単位で長くする，という語長可変な命令（バイト可変長命令方式）を採用していたことであった．このため，マイクロプロセッサ内の命令

[*16] Microprocessor without Interlocking Pipeline Stages の略．MIPS Technologies, Inc. の登録商標である．

[*17] Scalable Processor ARChitecture の略．SPARC International, Inc. の登録商標である．

フェッチ，命令解読に関連する論理が複雑化した．

このようなCISC型マイクロプロセッサに対抗して，RISC(reduced instruction set computer)と呼ばれることになるマイクロプロセッサの設計思想が登場してきた．それに基づいた最初のコンピュータは，1975年に開発が開始されたIBM社の801である．1980年代に入るとRISCという名称が登場し，1986年にMIPS Computer Systems社がMIPS R2000を，1987年にサン・マイクロシステムズ社(Sun Microsystems, Inc., 通称サンと呼ばれる)がSPARCを開発した．

RISCの特徴，設計思想は，その名称が登場してきた1980年代においては，
① 1命令1クロックサイクル(第7章にて説明する)．
② ロードストアアーキテクチャ：メモリにアクセスできるのはロード命令・ストア命令のみ，それ以外の命令は基本的にレジスタにアクセス，多数のレジスタ，レジスタに対する命令は3オペランド形式(第4章にて詳しく説明する)．
③ 固定長命令：固定長だから，命令がどこから始まりどこで終わるか，すなわち命令の長さの識別処理が不要になった．固定長であっても，その内部の分割(フィールド)により複数の命令形式を実現でき，多くの命令種類をもつことは可能である．
④ 機械語命令は基本的，汎用的なもののみ：よって少ない命令数．当初は固定小数点数の乗算，除算命令もなかった．
⑤ パイプライン処理への考慮(第7章にて説明する)．
⑥ コンパイラによる支援重視．
などであり，CISCと比較してハードウェアは簡単化した．

RISCは，命令が単純なため命令動作を理解しやすく，コンピュータの仕組みを学習するには好都合であり，それゆえに多くの教科書がRISC型マイクロプロセッサを採用した．本書がRISC型マイクロプロセッサを採用したのも同じ理由である．

1980年代後半から，CISC対RISCの競争は激化し，その結果，CISCであるIntel 80486(1989年)は1命令1クロックサイクルを実現し，CISCであるIntel PentiumPro(1995年)ではCISCであるx86命令をRISC命令に変換して実行した．一方，RISCも命令種類をCISC並に増加させ，複雑な命令をもつようになった．このためRISCとCISCとの違いは少なくなり，今や主な違いは1命令1クロックサイクル，固定長命令，ロードストアアーキテクチャくらいになってし

まっており，CISC と RISC をことさら区別をすること自体あまり意味のあることではなくなってきている．

1.4.2 MIPS と SPARC

RISC 型マイクロプロセッサは，固定長命令，単純な命令セット，パイプライン処理との相性の良さで，多くの教科書に規範マイクロプロセッサとして採用されているが，いくつかある RISC 型マイクロプロセッサの中から MIPS と SPARC を選び，本書で解説した理由について述べよう．

MIPS を採用し，かつ第 6 章で「MIPS アセンブリ言語と機械語」として解説した理由は，多くの大学でコンピュータ(計算機)アーキテクチャ，アセンブリ言語の講義や演習に使用されていることと同時に，WWW 上に MIPS のシミュレータがあるからである．MIPS を搭載したコンピュータが身近に存在しない読者でも本書を参考にして，アセンブリ言語プログラムを書き，MIPS のシミュレータを使用して，それがどう動くか，レジスタやメモリの内容がどう変化するか，といったことを体験できる．アセンブリ言語プログラムの学習に関しては，実際のマシンで学ぶよりもシミュレータで学ぶほうが効率的であるという意見もある．MIPS シミュレータのダウンロード法，使用法などについては，付録 B に解説した．是非，MIPS シミュレータを使ってみていただきたい．

一方 SPARC は MIPS と並び，大学などのコンピュータ(計算機)アーキテクチャ，アセンブリ言語の講義や演習に使われることが多いので付録 D にそのアセンブリ言語と機械語に関して解説した．

現在のコンピュータは基本的にノイマン型コンピュータであるから，1 種類のコンピュータを理解すればコンピュータの仕組みを理解したことになるし，もし興味があれば他のコンピュータを理解することも難しいことではない．よって読者は，MIPS か SPARC，どちらかの解説を読み，理解すれば OK である．

1.5 性 能 比 較

コンピュータの性能を比較するための厳密な尺度，方法を規定することは難しい．コンピュータの性能は，CPU 性能だけでなく，オペレーティングシステム (operating system : OS と略されることが多い)やコンパイラなどのシステムプログラム(2.2 節参照)の影響，パイプライン処理(第 7 章参照)や記憶階層(第 8 章参照)の影響などが絡み合うからである．また，そのコンピュータ向きのプロ

1.5 性能比較

グラムかどうか，すなわちプログラムの種類によっても性能が異なる．具体的なプログラムを実際に複数のコンピュータで実行し，その実行時間を比較すれば，このプログラムに関してはどのコンピュータの性能が上かをいうことはできる．しかしこれをもって一般的にどのコンピュータが高性能なコンピュータかを判断することはできない．本節では，CPU 性能を軸に，数あるコンピュータ性能の比較法のうち，代表的なものについて説明する．

1.5.1　CPU 実行時間

コンピュータの性能はプログラムをいかに短時間で実行できるかで決まる．プログラムの全実行時間には通常，入出力時間，OS などの他のプログラムの実行時間が含まれる．CPU 固有の性能はそれらを除外した時間，すなわち CPU がそのプログラムのオブジェクトコード（2.3 節参照）実行に純粋に費やした時間で比較すべきである．このようなプログラムの CPU 実行時間は，

　　　プログラムの CPU 実行時間
　　　　＝プログラム内命令数×平均 CPI×クロックサイクル時間

となる．この式の要素であるプログラム内命令数，クロックサイクル時間，平均 CPI について説明する．

① プログラム内命令数：　プログラム内命令数は，そのプログラム内，正確にいえばオブジェクトコード内で実際に実行された機械語命令数である．

② クロックサイクル時間：　コンピュータにはクロックジェネレータが内蔵されている．このクロックジェネレータは水晶発振器を用いて周波数の安定したマスタークロックパルスを発生させる回路である．このマスタークロックパルスをベースにクロックパルス（単にクロックといわれる）が生成される[*18]（図 1.3）．クロックは一定の時間間隔の周期信号であり，電圧の高い状態と低い状態を心臓

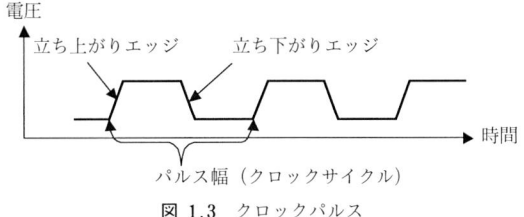

図 1.3　クロックパルス

[*18] 読者が持っているクォーツ式時計にもクロックジェネレータが内蔵されており，これにより正確な時の刻みのベースとなるクロックパルスが生成される．

が脈打つように繰り返す．

現在のほとんどすべてのコンピュータは同期式コンピュータであり，このクロックに同期して動作する．同期して動作するというのは，コンピュータ内部の各電子回路が「いっせぇーのぉーせっ」で動くということである．つまりクロックというのは同期のためのタイミングをとる信号である．

このクロックの立ち上がりエッジあるいは立ち下がりエッジに同期して，電子回路（たとえば，記憶機能をもつフリップフロップ回路）の内部状態が更新される．レジスタからの読み出し，レジスタへの書き込みもクロックに同期して実行される．なお，クロックに関する呼び方には，クロックサイクル時間，クロックサイクル，クロック周期，クロック時間といったいろいろな名称がある．

通常よく使用されるクロック周波数というのはクロックサイクル時間の逆数であり，たとえば，クロックサイクル時間が 1 nsec(nano second，ナノ秒)[*19] のコンピュータといった場合，そのコンピュータのクロック周波数は $1/10^{-9} = 1 \times 10^9 = 1$ GHz(ギガヘルツ)となる．

③ 平均 CPI： CPI は clock cycle per instruction の略であり，1 機械語命令当たりのクロックサイクル数のことである．

CPU の機械語命令セット中には各種の機械語命令が存在し，一般には機械語命令種別ごとに CPI 値は異なる．また各機械語命令がオブジェクトコード内に出現する頻度もプログラムによって変化する．よってプログラム内命令数×平均 CPI を求めるためには正確な平均 CPI を求める必要がある．しかし平均 CPI はプログラムごとに異なり，一般的で説得力のある平均 CPI を求めることは簡単なことではない．またコンパイラの性能により，プログラム内命令数や平均 CPI は変化するので，前ページのプログラムの CPU 実行時間の式は CPU のハードウェア性能のみを測定しているわけではない．

CPU 性能を高めるためには，これら 3 要素，プログラム内命令数，CPI，クロックサイクル時間の各々の向上を目指す必要がある．ただこれらの各要素は片方を向上させるともう片方が低下するという関係にある場合がある．たとえばクロックサイクル時間を短縮する（クロック周波数を上げる）と CPI 値が増加してしまう．また機械語命令を単純化し CPI 値を低下させるとプログラム内命令数が増加してしまうといった具合である．前述した RISC の長所は低い CPI 値で

[*19] 単位について．テラ(T)10^{12}，ギガ(G)10^9，メガ(M)10^6，キロ(K)10^3，ミリ(m)10^{-3}，マイクロ(μ)10^{-6}，ナノ(n)10^{-9}，ピコ(p)10^{-12}．たとえば，1 ナノ秒(nsec)は 1×10^{-9} 秒である．nsec は ns とも略記する．

あり，短所はプログラム内命令数の増加であり，CPI 値の低下が命令数の増加を上回ることにより CPU 性能の向上を図る方式ともいえよう．

プログラム内命令数，CPI，クロックサイクル時間という 3 要素の一つである CPI に対して，パイプライン処理，記憶階層がどのような影響を与えるかについては第 7 章と第 8 章において説明する．

1.5.2 MIPS 値

よくみかける CPU 性能の尺度の一つに MIPS 値がある[20]．これは million instructions per second の略であり，1 秒当たりの機械語命令実行数を 100 万単位で数えた（100 万で割った）ものである．CPU が 1 秒間に 100 万個の機械語命令を実行できるとき 1 MIPS である．MIPS 値の次元はプログラム実行にかかる CPU 時間のような時間ではなく，実行命令数/時間，いわば機械語命令実行速度である．よってこの定義によれば高性能 CPU ほど MIPS 値は大きいことになる．ただしプログラムが異なればプログラム内命令の種類と個数が異なるため MIPS 値は変動する．また CPI 値が最小の機械語命令のみを選んで MIPS 値を測定すれば最大の MIPS 値（ピーク MIPS 値という）が得られるが，それが実際の CPU 性能を表していないことは明らかであろう．

機械語命令セットが異なれば同一プログラムでもその機械語命令実行数が異なるから，たとえば RISC と CISC との間で，単純に MIPS 値だけで CPU 性能の比較をすることはできない．また同じ機械語命令セットかつ同じプログラムであってもコンパイラが異なれば，プログラム内命令数×平均 CPI が異なる．つまりコンパイラを改良して，プログラム内命令数を減少させたり，CPI 値の低い単純な機械語命令を生成したりするようにして，CPU 性能を向上させることができるが，MIPS 値はこれを反映していない．

MIPS 値は簡単に求めることができ，わかりやすいが，使用条件によってその値が大きく変化し，実際の CPU 性能を表していないことがあることを念頭においておく必要がある．

1.5.3 ベンチマークテスト

よく使用されるコンピュータの性能比較法にベンチマークテストがある．ベンチマークとは，コンピュータの性能評価を目的として作成されたプログラムある

---

[20] RISC 型マイクロプロセッサ MIPS とは特に関係ない．

いはプログラム群である．このベンチマークの実行時間などによりコンピュータの性能評価を行い，コンピュータどうしを比較する．ベンチマークには科学技術計算，事務処理，文字列処理，浮動小数点演算，整数演算といった典型的プログラムが複数本入っている場合，それらを組み合わせて1本にした合成プログラムの場合，合成プログラムが複数本入っている場合などがある．

ベンチマークテスト自体は実際のコンピュータ上での走行であるから，ベンチマークの長所は実行が簡単であり実測値による比較ができる点にあるといえる．一方，ある特定のベンチマークに特化してコンパイラやアーキテクチャを調整し，そのベンチマークに関して高速実行可能なように最適化することができる．そのため，ユーザが実際に自分のプログラムを走行させてみると，それほどの性能が得られない可能性があることが欠点である．規模の小さなベンチマークに対してはこのような最適化が容易であるため要注意である．ベンチマークが異なれば，コンピュータの性能も変動する可能性があるということに留意してほしい．

以上をまとめると，ユーザの立場に立った場合，コンピュータの性能比較の一番よい方法は，自分で使用していて，高速化を図りたいプログラム群を，購入候補の複数のコンピュータ上で実際に走行させ，その実行時間をもとに，各プログラムの使用頻度をも考慮し，比較することであろう．

2

アーキテクチャとハードウェア，ソフトウェア

　コンピュータはソフトウェアがなければただの箱だとよくいわれる．それでは，ただの箱のことをハードウェアというかというと，ちょっと違う．箱には，ハードウェアとしての側面と，アーキテクチャ(コンピュータの場合，コンピュータアーキテクチャともいう)としての側面がある．
　本章では，アーキテクチャとハードウェアの関係，コンピュータにおけるハードウェアとソフトウェアの関係とその階層構造，言語階層における高級言語から機械語への翻訳(変換)について説明する．

2.1 アーキテクチャ

　まずアーキテクチャという語について説明しよう．
　アーキテクチャ(architecture)という語を辞書で引けば，建築物とか建築様式といった説明が最初に記載してある．建築においては建築家(アーキテクトともいう)が基本的な設計をする．たとえば，超壮大な寺院の設計を依頼され，互いに 1000 m 離れた高さ 1 万 m の二つの尖塔があって，それらの間は，地上 5000 m と 7000 m の高さで地上からの支えなしで回廊により連結されている寺院を構想，設計するといった具合である．
　さて，今，コンピュータはソフトウェアがなければただの箱というその箱として，弁当箱を例にとろう．弁当箱の設計者(弁当箱アーキテクト)は，その弁当箱を誰が使うかを念頭におくだろう．女性用か男性用か，高校生用か小学生用か．たとえば高校生男子用だとすると，2 段構造で，1 段目が飯用，2 段目がおかず用，外形は四角張っていて，それぞれ容積を大きくするとか．小学生女子用なら，1 段構造で，内部は仕切りを細かくし，外形は丸みを帯びたものにし，色や柄もかわいらしいものにするとか．使用目的，機能から決定されたこれらの構造，仕様がアーキテクチャである．そして弁当箱の素材としてのステンレス，チ

タン，アルミ，プラスチック，籐(とう)がハードウェアである．

コンピュータの場合でいえば，ハードウェアというのは文字どおり，物理的に固いもの，すなわち回路素子や電子回路のことである．一方，アーキテクチャとは，コンピュータの論理的な構造，コンピュータの基本的仕組みのことである．EDSACの構造を示した図1.1は，EDSACの基本アーキテクチャを示しているといってよい．よって特定のハードウェア（建築物や弁当箱でいえば素材）に依存しない．依存しないという意味は，論理的に同一のアーキテクチャはいろいろなハードウェアで，たとえば真空管でも，VLSIでも実現可能であるということではある．しかし実際はそうはいかない．アーキテクチャはハードウェア技術に縛られる．建築物の場合でいえば，前述の超壮大な寺院のように，素材が木しか存在しないならば強度的に無理という場合である．

アーキテクチャをいかにして実現するか，その実現手法は重要である．実現を担当する技術者は，そのアーキテクチャを実際のハードウェア技術を用いて実現するために，そのコンピュータが完成する数年後のハードウェア技術を予測しなければならない．一方，アーキテクチャ担当の技術者は，極論すれば，現時点では実現できないがハードウェア技術が発展すればいずれは実現できるという立場に立って機能や目的を追求してもかまわない，という意味ではアーキテクチャはハードウェアに依存しない．

2.2　ハードウェア階層とソフトウェア階層

コンピュータの分野では，ハードウェアの上にソフトウェアが乗っているという表現をする．これを図示すると図2.1のようになる．ハードウェア，ソフトウェアはそれぞれ何階かの階層構造をしているためハードウェア階層，ソフトウェア階層と呼ばれる．以下，それらについて説明する．

（1）ハードウェア階層

ハードウェア階層の一番下はトランジスタなどの回路素子であり，これらがその上の電子回路部品等の構成要素となっている．さらに電子回路部品，機構部品はその上のCPU，ハードディスク装置などを構成している．

（2）ソフトウェア階層

ソフトウェア階層は二つに分類できる．言語階層（正確にはプログラム言語階層，あるいはプログラミング言語階層）とプログラム階層である．言語階層の最上位は高級言語であり，最下位は機械語である．一方，プログラム階層は応用プ

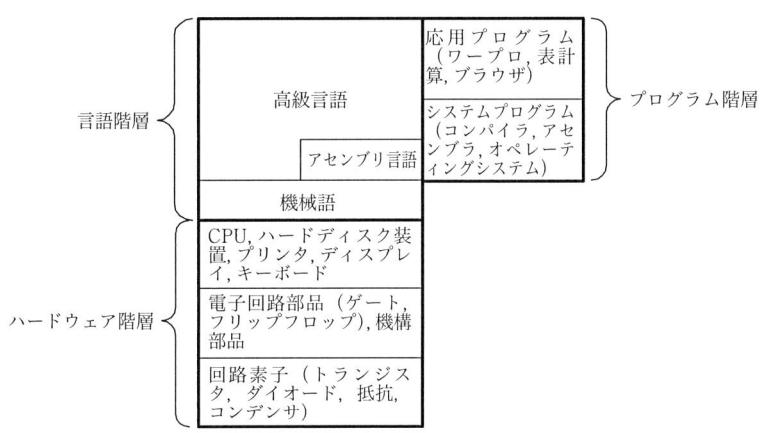

図 2.1 ハードウェア階層とソフトウェア階層（言語階層/プログラム階層）

ログラムとそれらの制御や機械語への橋わたしを担当する，いわば縁の下の力もち的存在であるシステムプログラム（システムソフトウェアともいわれる）から構成される．システムプログラムには，コンパイラ，アセンブラ，オペレーティングシステムなどがある．オペレーティングシステム(OS)は，コンピュータ上で走行する複数のプログラムのために，メモリ部，入出力部などのコンピュータ資源の管理，制御を担当するソフトウェアである．応用プログラム，システムプログラムは近年多くの場合，高級言語で記述される．コンパイラ，アセンブラについては次頁以降のb., c.および2.3節にて説明する．

2.1節において「ただの箱」の説明に使った弁当箱には，制御担当のソフトウェアは存在しない[*1]．一方，コンピュータの場合，その本質の一つが内蔵プログラムによる制御であり，プログラムすなわちソフトウェアという概念はコンピュータの大きな特徴の一つである．以下，言語階層について説明する．

a．機械語　コンピュータに望みの動作をさせるためには，言語でプログラムを書き（これをプログラミングという），それによりコンピュータに指示・命令を与えなければならない．コンピュータが理解できるのは図2.1の機械語と呼ばれる言語であり，その命令である機械語命令は0と1の並び（ビット列）である．たとえば減算の機械語命令は000100で表現される，という具合である．機

[*1] もしかするとコンピュータが組み込まれ，無線でインターネットに接続された弁当箱が登場するかもしれないが，その場合でもソフトウェアはコンピュータに内蔵されているのである．

械語命令は，主に，演算(たとえば加算，減算など)を指定する命令オペレータ部分[*2]と，演算対象となるオペランド(レジスタ，アドレス，値など)部分[*3]から構成される．

b．アセンブリ言語 人間がこのような無味乾燥な0と1の並びからなる多くの機械語命令のビット列を覚えておいてプログラミングすることは難しい．そこで人間が覚えやすく理解しやすい最低限の記号を使用してプログラミングする技法が考案された．たとえば減算をsubで表す．なぜならば英語のsubtract (減じる)の先頭3文字がsubだからである．このような最低限の記号を用いたプログラム言語をアセンブリ言語という[*4]．アセンブリ言語における減算命令の表記は，たとえばsub A,B,Cとなる．この意味は，たとえばレジスタAの内容からレジスタBの内容を引き，結果をレジスタCに格納するといった具合である．このようにアセンブリ言語命令は，主に，減算などの演算を指定する命令オペレータ部分[*2]と，演算対象となるオペランド(レジスタ，アドレス，値など)部分[*3]から構成される．

一方コンピュータは機械語命令，すなわち0と1の並びしか理解できないから，アセンブリ言語を機械語に変換してやらねばならない．それで図2.1において機械語がアセンブリ言語の下のハードウェア階層に一番近いところに位置している．この変換を人手でやるのは大変だから，アセンブリ言語を機械語に自動変換するためのソフトウェア(翻訳ソフトウェアともいう)が開発された．これがシステムプログラムの一つであるアセンブラである．

機械語を記号で表記したものがアセンブリ言語であるから，アセンブリ言語命令は機械語命令と1対1に対応しており，アセンブリ言語は機械語を，つまりコンピュータの仕組みを理解していないと使いこなすことが難しかった．

ではどのような場合にアセンブリ言語でプログラムを書くのだろう．メモリサイズが限られている場合，高速実行が要求される場合，コンパイラが用意されていない特殊なコンピュータを使用する場合，そして読者のようにコンピュータの仕組みを理解したい場合である．

c．高級言語 機械語を理解していなくてもプログラミング可能な，アセンブリ言語よりも人間にとってさらに読み書きしやすいプログラム言語が開発され

[*2] 第5章で説明する．
[*3] 第4章で説明する．
[*4] ちなみにEDSACの減算はSという1文字の記号であった．ただ[Wilkes]ではまだこれをアセンブリ言語命令という名では呼んでいない．

た．それが高級言語とか高水準言語と呼ばれるプログラム言語である．CとかC++とかJavaというプログラム言語を聞いたことがあるかもしれない．それらは高級言語である．高級言語の一つの命令は複数の機械語に対応する．一方アセンブリ言語は低水準言語とも呼ばれる．

　コンピュータは高級言語を理解できないから高級言語でプログラミングされたプログラムを機械語に自動変換するソフトウェアが必要になる．この変換ソフトウェア（翻訳ソフトウェア）がコンパイラである．図2.1で高級言語が直接，機械語の上に乗っているのがこの場合である．

（3）　ハードウェア階層とソフトウェア階層の接点：命令セットアーキテクチャ

　図2.1を用いれば，アーキテクチャとは一番低レベルのソフトウェアである機械語と，そのすぐ下のハードウェアであるCPU・各種装置との間のインタフェース，すなわち機械語とCPU・各種装置との関係であるといういい方もできる．

　この場合，アーキテクチャを設計するということは，CPU・各種装置に対するどのような種類の機械語命令群[*5]を用意するか，レジスタの数と機能，データ長，アドレスに関連する方式をどうするか，というインタフェースを規定することである．この場合のアーキテクチャのことを特に命令セットアーキテクチャ，あるいは命令アーキテクチャという．

　本書ではノイマン型コンピュータのハードウェア階層とソフトウェア階層のインタフェースを軸にコンピュータの仕組みについて説明を進める．図2.1における回路素子，電子回路部品などのハードウェア階層，高級言語，そしてプログラム階層は本書の守備範囲外であり，特に説明はしない．言葉を変えれば，本書が解説するのは，ノイマン型コンピュータの命令セットアーキテクチャとアセンブリ言語，そしてその周辺としての記憶階層と入出力である．これらを理解していれば，「コンピュータの仕組みを知っていますか？」と聞かれたとき，「まあね」と答えることができる．

2.3　翻　訳　階　層

　高級言語から機械語への流れについて説明する．最上位の高級言語から最下位の機械語への変換過程は段階的であり，翻訳階層と呼ばれる（図2.2）．

　まず高級言語プログラムはコンパイラにより機械語プログラムに変換（翻訳と

[*5]　この命令群を機械語命令セット，あるいは単に命令セットという．

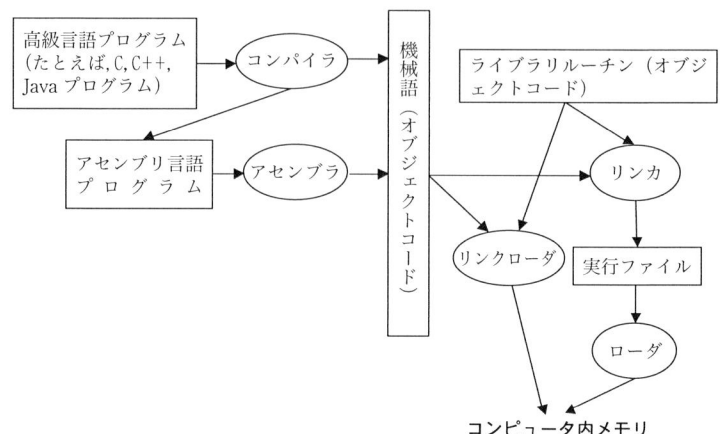

図 2.2　翻訳階層：高級言語から機械語へ

もいう）される．これをコンパイルするという．機械語プログラムの生成に際しては，変数へレジスタを割り付けることなど，プログラムをより効率よく，より高速に実行するための変換処理を施さねばならない．よってコンパイラはプログラムの実行性能を左右する重要なシステムプログラムの一つである．

　コンパイラが存在するので，プログラムが実行されるコンピュータが何か，その構造がどうなっているのかなどを知らなくても，高級言語を使ってプログラミングすることができる．このように高級言語はコンピュータと独立であるから，高級言語で記述されたプログラムは異なるコンピュータ上で動作させることが可能である．たとえば異なるコンピュータ A と B と高級言語 X があったとしよう．そのとき，コンピュータ A 用の高級言語 X のコンパイラとコンピュータ B 用の高級言語 X のコンパイラを用意できれば，高級言語 X で記述されたプログラムは，それぞれコンパイルされ，コンピュータ A の機械語プログラムとコンピュータ B の機械語プログラムに変換することができる．

　コンパイラには大きく分けて 2 種類ある．一つは高級言語プログラムを直接機械語プログラムに変換するものである．もう 1 種類は，高級言語プログラムをいったんアセンブリ言語プログラムにコンパイルするものである．そしてそのアセンブリ言語プログラムはアセンブラにより機械語プログラムに変換される．

　かつてはメモリサイズが限られている場合や高速実行が要求される場合はアセンブリ言語を使用してプログラムを作成した．しかし現在はコンパイラの性能が向上しており，アセンブリ言語で下手なプログラムを書くよりは高級言語でプロ

グラムを書き，高性能なコンパイラに変換をまかせたほうが，メモリサイズも小さくなり，実行速度も速くなる．

　アセンブラあるいはコンパイラにより生成された機械語プログラム（これをオブジェクトコードという[*6]）は，そのままではコンピュータで実行できない．このオブジェクトコードには，他のオブジェクトコード（たとえばライブラリルーチン）と結合するためのリンク情報，参照情報が含まれている．これらオブジェクトコードを結合し，コンピュータで実行できる形式のビット列（これを実行ファイルという）を生成するのがリンカである．この実行ファイルをコンピュータ内部のメモリに格納するのがローダである．リンカとローダの役目をまとめて一つにしたのがリンクローダである．

[*6] オブジェクトモジュール，オブジェクトプログラム，オブジェクトファイル，バイナリプログラム，バイナリコードなどともいう．

3 数 の 表 現

　コンピュータの仕組みにさらに踏み込む前に，コンピュータ内部の数の表現法について説明しておこう．本章では，整数の表現と実数の表現，それらの理解のために必要なビットの意味，基数について説明する．それらはコンピュータの仕組みを理解するために必須の項目である．

3.1　ビットの意味

　我々は通常10進数を使用している[*1]．人間にとっては10進数のほうが理解しやすいので，初期のコンピュータでは10進数が使用された．コンピュータ内部では電圧の高い低い，あるいは，電流が流れている流れていない，といった二つの状態の違いに基づく信号を使うしかないため，10進数の1桁を複数の2進数で表現した．しかしこれはきわめて効率が悪かったので使用されなくなり，現在のコンピュータ内部では2進数が使用されている．

　2進数の1桁は0と1で表現される．この1桁を1ビットという．よってビットというと，多少コンピュータのことをわかっている人は，「コンピュータ内部の数は2進数であり，ビットとは2進数で数を表現したときの各桁のことだ．10進数の9は2進数では1001という4桁，よって4ビットで表現できるというんだ」という答えが返ってくるだろう．この答えは正しい．しかしビットにはもう一つの意味もある．

（1）情　報　量
　もう一つの意味への第一歩として情報量について説明する．情報量の説明をするときによく使われる比喩は，たとえば「雪が降った」という情報（データといってもよいだろう）のもっている情報量は，それが冬の北海道のことか夏の沖縄の

　[*1]　時刻表示は60進数，12進数，24進数の組み合わせである．

ことなのかで違う，というものである．それが冬の北海道のことなら当たり前のことなので情報としては価値がない，すなわち情報量が少ない．それが夏の沖縄ならトクダネもの，すなわち情報量がきわめて多い．このようにある情報が存在するとき，その情報量はその情報が起こる確率に依存するということがわかる．降雪の比喩でいえば，冬の北海道で雪が降る確率は高く，夏の沖縄で雪が降る確率は限りなくゼロに近い．さてこれをどうやって数値化するのか．これを数値化したのが米国のシャノン(Claude E. Shannon)である．これについて説明する．

生起確率(起こりうる可能性)Pの事象が生起した(起こった)ことによって得られる情報量を

$$-\log_2 P \quad (情報量の定義)$$

と定義し，その単位をビット(bit：binary digit(バイナリーディジット)の略)とする．

北海道と沖縄の降雪の例では起こりうる可能性，つまり生起確率は大きく違うが，今，生起確率が等しい情報がN個あったとしよう．よってその1個1個の生起確率は$1/N$である．そのとき，定義より各情報は，

$$-\log_2 \frac{1}{N} = \log_2 N$$

の情報量をもつ．たとえば32個の生起確率が等しい情報があったとき($N=32$)，そのうちの一つの情報がもつ情報量は$\log_2 32 = 5$ということになる．

さて2進数の場合，1桁の状態は0か1かの2種，すなわち$N=2$である．そして双方の生起確率が等しいならば，2進数1桁がもつ情報量は$\log_2 2 = 1$となる．このとき，2進数1桁すなわち1ビットがもつ情報量は，情報量の1単位すなわち1ビットに相当する．これが2進数1桁の1ビットと情報量の1ビットの関係である．

それでは生起確率が等しくない情報があったとしよう．可能性が高い情報の生起確率を$1/2$とし，低い(より起こりにくい)情報の生起確率を$1/1024$としよう．定義より，可能性の高い情報のもつ情報量は1[*2]，可能性の低い情報のもつ情報量は10[*3]，ということで起こりにくい(生起確率が小さい)情報のもつ情報量のほうが大きいということになり直感に合っている．ちなみに必ず起こるという情報の生起確率は1であり$\log_2 1 = 0$であるから，そのような情報の情報量はゼロ，すなわち情報価値がまったくないということである．

[*2] $-\log_2(1/2) = \log_2 2 = 1$．

[*3] $-\log_2(1/1024) = \log_2 1024 = \log_2 2^{10} = 10$．

（2） 平均情報量

次に平均情報量について説明する．N 個の情報の平均情報量は，

$$-\sum_{i=1}^{N} P_i \log_2 P_i \quad (1 \leq i \leq N) \quad \text{（平均情報量の定義）}$$

と定義される．生起確率が等しい 4 個の情報がある場合には，定義より平均情報量は $\log_2 4 = 2$ であるから[*4]，これら 4 種類の各情報を 2 進数で表現(2 進数で符号化)するためには 2 進数 1 桁の意味での 2 ビットを必要とする．

他方，生起確率が異なる 4 個の情報があり，それぞれの生起確率が 1/2, 1/4, 1/8, 1/8 であったとしよう．情報はこの 4 種類しかないので生起確率の和は 1 になっている．この場合，4 種類のうちの一つの情報が生起した場合の平均情報量は

$$-\frac{1}{2}\log_2\frac{1}{2} - \frac{1}{4}\log_2\frac{1}{4} - \frac{1}{8}\log_2\frac{1}{8} - \frac{1}{8}\log_2\frac{1}{8} = 1.75$$

となる．平均情報量が 1.75 ビットだから，これら 4 種類の各情報を 2 進数で表現(2 進数で符号化)するためには，平均で 2 進数 1 桁の意味での 2 ビットは必要ないことがわかる．

このように N 個の情報の生起確率が異なるときには 2 進数 1 桁の意味での $\log_2 N$ ビット以下で符号化することが可能である．一方，生起する情報の種類が N でそれらの生起確率が等しいとき，平均情報量は最大である $\log_2 N$ となる．このとき，情報量としてのビット数と 2 進数 1 桁の意味でのビット数が一致し，符号化のためには $\log_2 N$ ビットが必要となる．

10 進数 1 桁は 0 から 9 の 10 種類の情報がある．それぞれの生起確率が等しければ各情報は $\log_2 10 \fallingdotseq 3.322$ の情報量をもつので，2 進数で 10 進数 1 桁を表現するには 4 桁(3.322 桁という訳にはいかないから)必要なことがわかる．それでは 8 進数はどうなるか．8 進数 1 桁は 0 から 7 の 8 種類の情報がある．それぞれの生起確率が等しければ各情報は $\log_2 8 = 3$ の情報量をもつので，2 進数で 8 進数 1 桁を表現するには 3 桁あればよいことがわかる．

このようにビットには，2 進数の 1 桁という意味と，情報の単位という意味があることを理解してほしい．

[*4] $-1/4\log_2 1/4 - 1/4\log_2 1/4 - 1/4\log_2 1/4 - 1/4\log_2 1/4$ を計算した結果．

3.2 基　　　　数

本節では，10進数の10とか2進数の2とかいった数について説明する．

我々は日常生活ではもっぱら10進数を使用しており西暦2006年などと表記する．この2006というのは，普通は「ニーゼロゼロロク」とは読まないで，「二千六（にせんろく）」と読む．この表記法において，各数字はその数字自身の値とその位置（位）とが関係づけられた意味をもっていることがわかる．2006の一番右の桁は一の位，一番左の桁は千の位というわけである．このような表記法における隣どうしの位の比を基数という．

といってもわかりにくいので，例を使って説明しよう．例として10進数2桁の数として24を考えよう．これは，$2\times10^1+4\times10^0$と表記できる．このとき，隣どうしの位である$10^1(=10)$と$10^0(=1)$の比が10であるから，この表記の基数は10となる．

一般に，基数を用いた数の表現を基数表記法といい，i桁目の数をN_i，基数をBとすると，
$$N_i\times B^i+N_{i-1}\times B^{i-1}+N_{i-2}\times B^{i-2}+\cdots+N_2\times B^2+N_1\times B^1+N_0\times B^0$$
のように表記される（最も右の桁を0桁目とする）．2進数というのは基数が2であり，10進数というのは基数が10である表記法といえる．

さて，数の表現のこれとは異なる説明法もある．10進数とは10種類の文字（通常は0から9）を使用し，ある桁の数が10になると桁上がりを起こす表記法であるといえる．この説明に従えば，2進数とは2種類の文字（通常は0と1）を使用し，ある桁の数が2になると桁上がりを起こす表記法である．桁上がりを起こす数が基数である．

以上をまとめれば，N進数というのは，基数Nで，N種類の文字を用いた表記法であるといえる．

何進数表示かを明確にしたいときはどうするか．たとえば1010という数があったとき，それが2進数ならば1010_2あるいは$(1010)_2$，8進数ならば1010_8あるいは$(1010)_8$，16進数ならば1010_{16}あるいは$(1010)_{16}$[*5]のようにする．要するにN進数ならば1010_Nあるいは$(1010)_N$のようにする．各数表示の最上位の桁をMSD（most significant digit），最下位の桁をLSD（least significant digit）とい

[*5] 0x1010のように頭に0xを付けて16進数であることを示す場合も多い．

う.2進数の場合には,最上位の桁(ビット)をMSB(most significant bit),最下位の桁(ビット)をLSB(least significant bit)ということも多い.これらMSD,LSD,MSB,LSBは以降の説明に頻繁に出てくるので覚えておいてほしい.

3.3 N進数からM進数への変換

本節ではN進数(N進法)からM進数(M進法)への変換,すなわち基数変換について説明する.

(1) N進数(小数点以下を含む)から10進数への変換

N進数の第i桁をA_iと表記する.ただし小数点の左隣の桁を第0桁,小数点の右隣の桁を第-1桁とする.小数点以上M桁,小数点以下L桁のN進数は,
$$A_{M-1}A_{M-2}A_{M-3}\cdots A_i\cdots A_1 A_0. A_{-1}A_{-2}\cdots A_{-(L-1)}A_{-L}$$
と表記される.N進数の基数はN_{10}だから,考えている$M+L$桁のN進数は,
$$A_{M-1}\times N_{10}{}^{M-1}+A_{M-2}\times N_{10}{}^{M-2}+\cdots+A_1\times N_{10}{}^1+A_0\times N_{10}{}^0$$
$$+A_{-1}\times N_{10}{}^{-1}+\cdots+A_{-L}\times N_{10}{}^{-L}$$
とすることにより10進数表記となる.ただし各A_iは$(A_i)_{10}$の意味である.これによりN進数から10進数への変換ができる.以下に例をいくつか示す.

● 2進数から10進数への変換例

2進数$(1001.1)_2$は,
$$1\times 2^3+0\times 2^2+0\times 2^1+1\times 2^0+1\times 2^{-1}=8+0+0+1+0.5=9.5$$
であるから,10進数では$(9.5)_{10}$となる.

● 8進数から10進数への変換例

8進数$(1765.4)_8$は,
$$1\times 8^3+7\times 8^2+6\times 8^1+5\times 8^0+4\times 8^{-1}$$
$$=1\times 512+7\times 64+6\times 8+5\times 1+4\times 0.125=1013.5$$
であるから,10進数では$(1013.5)_{10}$となる.

● 16進数から10進数への変換例

16進数$(1A2F.B08)_{16}$は,
$$1\times 16^3+10\times 16^2+2\times 16^1+15\times 16^0+11\times 16^{-1}+0\times 16^{-2}+8\times 16^{-3}$$
$$=4096+2560+32+15+0.6875+0+0.001953125$$
$$=6703.689453125$$
であるから,10進数では$(6703.689453125)_{10}$となる.

（2） 10進整数から M 進数への変換

10進整数(被除数)に対して，M 進数の基数 M(除数)による割り算を繰り返し実行し，余りを使って M 進数の各桁の数を求める．

s 桁の10進数 $(A_{s-1}A_{s-2}A_{s-3}\cdots A_i \cdots A_1 A_0)_{10}$ が M 進数化されたものを
$$(C_{k-1}C_{k-2}C_{k-3}\cdots C_i \cdots C_1 C_0)_M$$
とすると，
$$(A_{s-1})_{10}\times 10_{10}{}^{s-1}+(A_{s-2})_{10}\times 10_{10}{}^{s-2}+\cdots+(A_1)_{10}\times 10_{10}{}^1+(A_0)_{10}\times 10_{10}{}^0$$
$$=(C_{k-1})_M\times M_{10}{}^{k-1}+(C_{k-2})_M\times M_{10}{}^{k-2}+\cdots+(C_1)_M\times M_{10}{}^1+(C_0)_M\times M_{10}{}^0$$
であるから，10進数 $(A_{s-1}A_{s-2}A_{s-3}\cdots A_i \cdots A_1 A_0)_{10}$ を M 進数の基数 M_{10} で割ると最初の余りが $(C_0)_M$ となる[*6]．さらに商を M_{10} で割ると次の余りが $(C_1)_M$ となる．これを続け，商が M_{10} より小さくなったとき，その商が最上位桁(MSD) $(C_{k-1})_M$ となる．例を用いて説明する．

● 10進数から8進数への変換例

10進数を $(1013)_{10}$ とする．これを8進数(基数8)で表現できたとすると，それは
$$(C_{k-1})_8\times 8^{k-1}+(C_{k-2})_8\times 8^{k-2}+\cdots (C_2)_8\times 8^2+(C_1)_8\times 8^1+(C_0)_8\times 8^0$$
である．$(1013)_{10}$ を8で割ると，最初の余りが第0桁の数，すなわちLSDの $(C_0)_8$ となる．

$$1013\div 8=商\ 126\ 余り\ 5\ (=(C_0)_8)$$
$$126\div 8=商\ 15\ 余り\ 6\ (=(C_1)_8)$$
$$15\div 8=商\ 1\ 余り\ 7\ (=(C_2)_8)$$

商の1は基数8より小さいので，商1がMSDの数となる．よって，$(1013)_{10}=(1765)_8$ となる．

● 10進数から16進数への変換例

10進数を $(6703)_{10}$ とする．これを16進数(基数16)で表現できたとすると，それは
$$(C_{k-1})_{16}\times 16^{k-1}+(C_{k-2})_{16}\times 16^{k-2}+\cdots+(C_2)_{16}\times 16^2+(C_1)_{16}\times 16^1+(C_0)_{16}\times 16^0$$
である．6703を16で割ったとき，最初の余りが第0桁の数 $(C_0)_{16}$ となる．

$$6703\div 16=商\ 418\ 余り\ 15_{10}=\mathrm{F}_{16}(=(C_0)_{16})$$
$$418\div 16=商\ 26\ 余り\ 2_{10}=2_{16}(=(C_1)_{16})$$
$$26\div 16=商\ 1\ 余り\ 10_{10}=\mathrm{A}_{16}(=(C_2)_{16})$$

[*6] $M_{10}{}^0=1$ で $(C_0)_M<M_{10}$ だから．

商の1は基数16より小さいので，商1がMSDの数となる．よって，$(6703)_{10} = (1A2F)_{16}$となる．

（3） 小数点以下の10進数のM進数への変換

小数点以下の10進数，言葉を変えれば10進数の小数部をM進数に変換する方法について説明する．

10進数$(0.A_{-1}A_{-2}A_{-3}\cdots A_{-(s-1)}A_{-s})_{10}$が$M$進数化されたものを

$$(0.C_{-1}C_{-2}C_{-3}\cdots C_{-(k-1)}C_{-k})_M$$

とする．

$(0.A_{-1}A_{-2}A_{-3}\cdots A_{-(s-1)}A_{-s})_{10}$
$= (C_{-1})_M \times M_{10}^{-1} + (C_{-2})_M \times M_{10}^{-2} + \cdots + (C_{-(k-1)})_M \times M_{10}^{-(k-1)} + (C_{-k})_M \times M_{10}^{-k}$

だから，これにM進数の基数M_{10}を掛けると，$(C_{-1})_M$が整数部にシフト（移動）することがわかる．次々とM_{10}を掛けていけば，$(C_{-2})_M$以下の各桁が次々と求まる．

以下に小数点以下の10進数からM進数への変換手順を記す．

【手順0】 iを-1に設定する．

【手順1】 M_{10}を掛ける．結果に整数部が存在すればそれが$(C_i)_M$．整数部がなければ$C_i = 0$．

【手順2】 iの値を1減じる．

【手順3】 まだ小数部があれば，【手順1】に戻る．小数部が0になったら終了．この手順により，M進数の各桁が求まる．

● 小数点10進数から16進数への変換例

① $(0.626953125)_{10}$を16進数にする．

$0.626953125 \times 16 = 10.03125$　　　$C_{-1} = 10_{10} = A_{16}$，小数部は$0.03125$
$0.03125 \times 16 = 0.5$　　　　　　　$C_{-2} = 0_{10} = 0_{16}$，小数部は0.5
$0.5 \times 16 = 8.0$　　　　　　　　　$C_{-3} = 8_{10} = 8_{16}$，小数部は0だから終了

よって$(0.626953125)_{10} = (0.A08)_{16}$．

② たとえば$(0.2)_{10}$は正確には16進数に変換できない．

$$0.2 \times 16 = 3.2 \quad C_{-1} = 3_{16}, \text{小数部は}0.2$$
$$0.2 \times 16 = 3.2 \quad C_{-2} = 3_{16}, \text{小数部は}0.2$$
$$0.2 \times 16 = 3.2 \quad C_{-3} = 3_{16}, \text{小数部は}0.2$$

となって，

$$(0.2)_{10} = (0.3333\cdots)_{16}$$

のように循環してしまう．

● 小数点10進数から2進数への変換例

① $(0.8125)_{10}$ を2進数にする．

$0.8125 \times 2 = 1.625$　　$C_{-1}=1$，小数部は 0.625
$0.625 \times 2 = 1.25$　　$C_{-2}=1$，小数部は 0.25
$0.25 \times 2 = 0.5$　　$C_{-3}=0$，小数部は 0.5
$0.5 \times 2 = 1.0$　　$C_{-4}=1$，小数部は0だから終了

よって $(0.8125)_{10} = (0.1101)_2$．

② たとえば $(0.6)_{10}$ は正確には2進数に変換できない．

$0.6 \times 2 = 1.2$　　$C_{-1}=1$，小数部は 0.2
$0.2 \times 2 = 0.4$　　$C_{-2}=0$，小数部は 0.4
$0.4 \times 2 = 0.8$　　$C_{-3}=0$，小数部は 0.8
$0.8 \times 2 = 1.6$　　$C_{-4}=1$，小数部は 0.6
$0.6 \times 2 = 1.2$　　$C_{-5}=1$，小数部は 0.2
$0.2 \times 2 = 0.4$　　$C_{-6}=0$，小数部は 0.4
$0.4 \times 2 = 0.8$　　$C_{-7}=0$，小数部は 0.8
$0.8 \times 2 = 1.6$　　$C_{-8}=1$，小数部は 0.6

となって

$$(0.6)_{10} = (0.100110011001\cdots)_2$$

のように循環してしまう．

10進数の小数部を M 進数に変換するときは，有限桁の M 進数で表現できない場合があり，誤差が生じることがあるので注意する必要がある．

（4）整数2進-16進変換

a．16進整数から2進整数への変換　　16進数の各桁を4ビットの2進数で表現すればよい．

● 例　16進数 $(BA2F)_{16}$ を2進数に変換

$(B)_{16} = (1011)_2$
$(A)_{16} = (1010)_2$
$(2)_{16} = (0010)_2$
$(F)_{16} = (1111)_2$

よって $(BA2F)_{16} = (1011\ 1010\ 0010\ 1111)_2$ となる．

なぜ16進数1桁が2進数4桁，すなわち4ビットで表現できるのか．3.1節で説明したように，16進数1桁は，$\log_2 16 = 4$ 単位の情報量をもち，かつ2進数1桁は1単位の情報量をもつから，16進数1桁は2進数4桁すなわち4ビットで

b．2進整数から16進整数への変換　2進数をLSB(最下位ビット)から4ビット(4桁)ごとに区切り，それぞれを16進数に変換すればよい．2進数の桁数が4の倍数でない場合は，MSB(最上位ビット)の左に0を足し，桁数を4の倍数とする．

● 例　2進数$(1\ 1100\ 0011\ 1101)_2$を16進数に変換

$(0001)_2 = (1)_{16}$　　：MSBの1の左に0を3個付加して$(0001)_2$とする

$(1100)_2 = (C)_{16}$

$(0011)_2 = (3)_{16}$

$(1101)_2 = (D)_{16}$

よって$(0001\ 1100\ 0011\ 1101)_2 = (1C3D)_{16}$となる．

（5）整数2進-8進変換

a．8進整数から2進整数への変換　8進数の各桁を3ビットの2進数で表現すればよい．3.1節で説明したように，8進数1桁は，$\log_2 8 = 3$単位の情報量をもち，かつ2進数1桁は1単位の情報量をもつから，8進数1桁は2進数3桁すなわち3ビットで表現できる．

b．2進整数から8進整数への変換　2進数をLSBから3ビットごとに区切り，それぞれを8進数に変換すればよい．2進数の桁数が3の倍数でない場合は，MSBの左に0を足し，桁数を3の倍数とする．

● 例　2進数$(1\ 101\ 000\ 100\ 111)_2$を8進数に変換

$(001)_2 = (1)_8$　　：MSBの1の左に0を2個付加して$(001)_2$とする

$(101)_2 = (5)_8$

$(000)_2 = (0)_8$

$(100)_2 = (4)_8$

$(111)_2 = (7)_8$

よって$(001\ 101\ 000\ 100\ 111)_2 = (15047)_8$となる．

3.4　整　　　数

前節で出てきた数はすべて正の数であった．それでは負の数を含む整数はどう表現するのだろうか．2進整数の正，0，負の表現法，すなわち符号付き2進整数表現には，符号付き絶対値，1の補数(one's complement)，2の補数(two's complement)などがある．本節ではこれらについて説明する．

3.4.1 補　　数

補数とはある数の負数の表現法であり，基数 R の補数として真補数と擬補数がある．基数 R のある数を $X(n桁)$，その真補数を Y としたとき，両者の関係は，

$$X + Y = R^n \quad （真補数の定義）$$

である．よって X の真補数 Y は $R^n - X$ である．これが基数 R の「R の補数(真補数)」の定義である．

X の補数 Y は $R^n - X$ で，$R^n - X$ の補数は $R^n - (R^n - X) = X$ となる．つまりある数 X の補数の補数はもとの数 X に戻る．このように X と Y は互いに補の関係(集合における補集合という用語を思い出してほしい)にあるので補数と呼ばれる．

一方，基数 R のある数 $X(n桁)$ とその擬補数 Y との関係は，

$$X + Y = R^n - 1 \quad （擬補数の定義）$$

である．これが基数 R の「$R-1$ の補数(擬補数)」の定義であり，この場合も補数の補数はもとの数に戻る．基数 R が 2 の場合，真補数である 2 の補数と擬補数である 1 の補数がある．

コンピュータ内部の数の表現は 2 進数すなわち基数 2 であるから，コンピュータ内部では基数 2 の補数が使用され，減算は負数の加算として実行される．これによりコンピュータ内演算ユニット(図 1.2 参照)には減算器を設ける必要がなくなり，加算器で代用することができる．基数 2 の補数として 2 の補数(真補数)に基づいて加算器を設計すると，回路が単純化できる(5.2 節参照)．このため，減算を負数の加算として実行する際の負数の扱いに関して 2 の補数が使用されるようになった．基数 2 の補数として 1 の補数(擬補数)も可能ではあるが，このような理由で現在のコンピュータ内部では使用されていない．

3.4.2 負数の加算

以下，補数の定義に従い，減算が負数の加算で実現できること，そして 2 の補数の簡便な求め方について説明する．

（1）基数 10 の場合

基数 10，すなわち 10 進数 A(有効桁数 n)の 10 の補数 B は，10 の補数(真補数)の定義より，

$$B = 10^n - A$$

となる．以下，例を用いて，補数により減算がいかにして負数の加算として実現

できるかを説明する．

●例1 10進数(有効桁2桁)の減算 $45-29$ を例にとる．29の10の補数は定義より $10^2-29=71$ となるから，29と71とは10の補数表現において正負の関係にあり，29を引くということは71を足すことに相当する．よって，$45-29$ という減算は，$45+71$ という加算に変換できる．

$$45-29 \quad \rightarrow \quad 45+71=116$$

ここで116のMSDの1は有効2桁を超えているので無視する．そうすると，結果は16となり，$45-29$ の解が求まっている．

●例2 次に10進数(有効桁4桁)の減算 $1950-1204$ を考えよう．1204の10の補数は $10^4-1204=8796$ だから，$1950-1204$ という減算は，$1950+8796$ という加算に変換できる．

$$1950-1204 \quad \rightarrow \quad 1950+8796=10746$$

10746のMSDの1は有効桁4桁を超えているので無視する．そうすると，結果は746となり，$1950-1204$ の解が求まっている．

（2） 基数2の場合

基数2である2進数でも，前例の基数10の場合と同様である．

2進数 A(有効桁数 n)の2の補数 B は，2の補数(真補数)の定義より

$$B=2^n-A$$

である．たとえば4桁の2進数0101の2の補数は，$(2^4)_{10}=(10000)_2$ だから

$$10000-0101=1011$$

である．よって0101と1011とは2の補数表現において正負の関係にあり，0101を引くということは1011を足すことに相当する．たとえば2進数(有効桁数4)の減算 $0111-0101$ は，$0111+1011$ という加算となり，

$$0111-0101 \quad \rightarrow \quad 0111+1011=10010$$

となる．10010のMSDの1は有効桁4桁を超えているので無視すると解0010が求まっている．$0111-0101$ を10進数に直してみると $7-5$ だから，解 $2_{10}=0010_2$ が確かに求まっている．

（3） 2進数の2の補数の求め方

2進数の2の補数の簡便な求め方について説明する．

2の補数表現された2進整数 k の2の補数 $-k$ を求める手順は，

【手順1】 k の各ビットに関して，0を1に，1を0に置き換える．

【手順2】 その結果に1を加える．

である．この手順により2の補数表現された2進数の正負を簡単に逆転させるこ

とができる[*7].

なぜこのような方法で2の補数が求まるかについて説明する．

今，2の補数関係にあるnビットの2進数をAとBとし，Aの各ビットを反転(0を1に，1を0に)した数を$\bar{A}$とする．

定義より，AとBとの関係は$A+B=2^n$である．また$A+\bar{A}$は，各ビットがすべて1の数となる．すなわち$A+\bar{A}=2^n-1$である．

よって，$B=2^n-A=2^n-(2^n-1-\bar{A})=\bar{A}+1$となるからである．

3.4.3 表示範囲

整数の表示範囲について説明する．

3ビットで数を表現するものとしよう．3ビットのビット列(8種類)と，符号付き絶対値，1の補数，2の補数の表示範囲(符号付き10進数表現)を表3.1に示した．3ビットを正の2進整数と見なせば，これらは10進数表現で0から7の数である．

符号付き絶対値ではMSBが符号で，0なら正数，1なら負数である．よって全ビットが0の「正のゼロ」+0と，MSBが1でそれ以外のビットが0の「負のゼロ」-0が存在する．

1の補数でも+0と-0が存在する．000と111が1の補数関係になっていることは定義より確認できよう．

2の補数ではMSBが符号を表しており(符号ビットあるいはサインビットという)，0ならば正の数，1ならば負の数である．ゼロは正数とし，+0のみである．000の2の補数は定義より，やはり000である．

演算の結果が，数の表示範囲の外に出てしまうことをオーバーフロー，または

表 3.1 符号付き絶対値，1の補数，2の補数

3ビットのビット列	正整数(10進数)	符号付き絶対値	1の補数	2の補数
000	0	+0	+0	+0
001	1	+1	+1	+1
010	2	+2	+2	+2
011	3	+3	+3	+3
100	4	-0	-3	-4
101	5	-1	-2	-3
110	6	-2	-1	-2
111	7	-3	-0	-1

[*7] 1の補数の正負逆転は単に各ビットに関して0を1に，1を0に置き換えるだけである．

あふれという．表 3.1 の 3 ビットの 2 の補数表現の場合，-4〜$+3$ の範囲外に出てしまうことである．N ビットの 2 の補数表現では -2^{N-1}〜$2^{N-1}-1$ の範囲外に出てしまう場合である．

3.4.4 符　　号
（1）符号付きと符号なし

2 進整数表現には符号付き (signed) と符号なし (unsigned) がある．符号付きの場合は，MSB が符号ビットとなり，それが 0 なら正数，1 なら負数である．符号なしの場合は，MSB が 1 である数は MSB が 0 である数より，常に大きい．

次の二つの 4 ビットの整数はどちらが大きいだろうか．

　　1111_2

　　0001_2

符号付きなら 0001_2 が，符号なしなら 1111_2 が大きい．

（2）符　号　拡　張

8 ビットあるいは 16 ビットのデータを 32 ビットのレジスタに転送・格納したり，16 ビットのデータと 32 ビットのレジスタの内容を加算したりする場合が発生する．さてその場合，短いほうのデータをどうするか．符号なしの場合は上位の空きビットに単に 0 を埋める．符号付きの場合は上位の空きビットに符号ビットをコピーして埋めていく．この処理を符号拡張 (sign extension) という．符号拡張は符号付き数を正しく表現するための処理である．

● 例 1　16 ビットの符号付き数 (2 の補数表現) 0000 0000 0000 $0100_2 = 4_{10}$ を 32 ビットの 2 進数に拡張する．

　［手順 1］　符号付き 16 ビット数の MSB (符号ビット) の 0 を，拡張先の 32 ビットのビット 31 から 16 にコピーする[*8]．

　［手順 2］　ビット 15 からビット 0 には，もともとの 16 ビット分をコピーする．

よって，0000 0000 0000 0000 0000 0000 0000 $0100_2 = 4_{10}$ となる[*8]．

● 例 2　16 ビットの符号付き数 (2 の補数表現) 1111 1111 1111 $1100_2 = -4_{10}$ を 32 ビットの 2 進数に拡張する．

　［手順 1］　符号付き 16 ビット数の MSB (符号ビット) の 1 を拡張先の 32 ビットのビット 31 から 16 にコピーする[*8]．

[*8]　32 ビット数の MSB をビット 31，LSB をビット 0 とする．

表 3.2　2の補数表現の3ビットから8ビットへの符号拡張

3ビット表現	8ビットへ符号拡張	左欄の10進数表現
000	00000000	$+0$
001	00000001	$+1$
010	00000010	$+2$
011	00000011	$+3$
100	11111100	-4
101	11111101	-3
110	11111110	-2
111	11111111	-1

［手順2］ビット15からビット0には，もともとの16ビット分をコピーする[*8]．

よって，$1111\ 1111\ 1111\ 1111\ 1111\ 1111\ 1111\ 1100_2 = -4_{10}$ となる．

なぜこのような符号拡張法でよいのだろうか．2の補数の場合，正の数はMSBよりさらに上位に符号ビットの0がずっと続いているとみなすことができる．また負の数はMSBのさらに上位に符号ビットの1がずっと続いているとみなすことができる．たとえば16ビットで符号付き数を表現する場合（もちろん16ビットで表現できる範囲にある数であるが），もともとは果てしなく長いビット列の下位16ビットをたまたま切り取ってもってきたものとみなせる．よって16ビット表現を32ビットで表現するには，さらなる上位16ビット分の符号を表に出せばよい，というわけである．表3.2に3ビットの2の補数とそれを8ビットに符号拡張した2の補数を示した．説明したように，符号拡張された8ビット表現の下位3ビットが3ビット表現そのものになっていることがわかると思う．

3.5　実　　　　数

前節までは主に整数表記であった．それでは小数点以下を含む数，実数はコンピュータ内部でどのように表されるのだろうか．

小数点とは，基数表記法の数の，整数部と小数部を分ける位置におく記号（点）のことである．コンピュータ内部では，この点に1ビットを占有されるのはもったいないので，ある桁とある桁の間に小数点があるものとみなして，その数を取り扱う．

小数点数の表現法には固定表記と浮動表記がある．

（1） 固定表記

3.3 節の N 進数（小数点以下を含む）から10進数への変換のところでは，小数点の左隣の桁を第 0 桁とし，小数点の右隣の桁を第 −1 桁とした．この表現は固定表記であり，小数点の位置は，第 0 桁と第 −1 桁の間に固定されている．

2 進小数点数を例にとると，MSB の右に小数点があると仮定した 2 進固定小数点数表記，LSB の右側に小数点があると仮定した 2 進固定小数点数表記などが考えられる．整数は LSD の右側に小数点があると仮定した固定小数点数表記ともいえる．

（2） IEEE 標準規格の 2 進浮動小数点数表記

浮動小数点数表記は概略

$$仮数 \times B^{指数}$$

のようである（B は基数）．数によって小数点の位置が移動するので浮動小数点数という．表現ビット数が同じならば，固定小数点数表記に比べ，浮動小数点数表記の方が広い範囲の数を表現できる．2 進浮動小数点数表記の標準規格が IEEE（Institute for Electrical and Electronic Engineers：米国電気電子学会．アイトリプルイーと発音される）によって制定され，1980 年以降，多くのコンピュータがこれを採用しているので，ここではこれについて説明する．

IEEE 標準規格の 2 進浮動小数点数表記は

$$(-1)^S \times 1.M \times 2^{(E-127)}$$

である（2 進数だから基数は 2）．この表記には 32 ビット（単精度）と 64 ビット（倍精度）がある．以下，IEEE 標準規格の 2 進浮動小数点数表記を IEEE 標準規格表記と略記する．

32 ビット表現のフォーマットを図 3.1 に示す．符号（S）に 1 ビット，指数部（E）に 8 ビット，仮数部（M）に 23 ビットを確保してある．64 ビット表現では指数部が 11 ビット，仮数部が 52 ビットである．以下は 32 ビット表現に基づき説明する．

a．仮数表現 図 3.1 における仮数の表現では，符号（S）と絶対値（M）が分離しているので，符号付き絶対値表現である．符号付き絶対値表現では正の 0 と負の 0 が存在する．

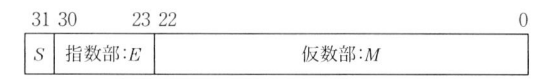

31 30	23 22	0
S	指数部：E	仮数部：M

図 3.1　IEEE 標準規格表記の 32 ビット表現

有効桁数を大きくとるために，仮数部内の MSB には 0 が立たないよう，つまり 2 進数なので MSB に 1 が立つように仮数を桁移動し，それに見合った分だけ指数を調整する．仮数を左に 1 桁移動するごとに，指数を 1 だけ減少させる．これを正規化という．

IEEE 標準規格表記における正規化では，仮数の小数点の左側には桁が一つのみでその値が 1 となるように仮数を桁移動し，指数を調整する．正規化すれば仮数の先頭ビットは必ず 1 になるので，IEEE 標準規格表記ではその 1 を仮数部に入れないとした．よって仮数の有効桁がさらに 1 ビット増加する．これをけち表現という．IEEE 標準規格表記の仮数表現の $1.M$ は $1+0.M$ ということであり，仮数部に入っているのは M である．

b．指数表現　　IEEE 標準規格表記の基数 2 の右肩にある指数は $E-127$ となっている．ということは，指数部に入る値は指数そのものではなく E であることに注意してほしい．つまり指数が K のとき，$E=K+127$ となる．この 127 はバイアス（ゲタ）と呼ばれ，このような表現をゲタ履き表現（ゲタを履かせた表現）という．ゲタを履かせる理由について例を用いて説明する．

例として，四つの数 -1.0×2^{-1}，-1.0×2^{1}，1.0×2^{-1}，1.0×2^{1} について考えよう．IEEE 標準規格表記はそれぞれ $(-1)^{1}\times(1+0)\times 2^{126-127}$，$(-1)^{1}\times(1+0)\times 2^{128-127}$，$(-1)^{0}\times(1+0)\times 2^{126-127}$，$(-1)^{0}\times(1+0)\times 2^{128-127}$ となるから，IEEE 標準規格表記の 32 ビット表現は図 3.2 のようになる．

$-1.0\times 2^{-1}=(-1)^{1}\times(1+0)\times 2^{126-127}$ のビット列

31	30　　　　　23	22　　　　　　　　　　　　　　　　　0
1	0 1 1 1 1 1 1 0	0 0 0 0 0 0 0 0 0 0 0 0 0 0 0 0 0 0 0 0 0 0 0

$-1.0\times 2^{1}=(-1)^{1}\times(1+0)\times 2^{128-127}$ のビット列

31	30　　　　　23	22　　　　　　　　　　　　　　　　　0
1	1 0 0 0 0 0 0 0	0 0 0 0 0 0 0 0 0 0 0 0 0 0 0 0 0 0 0 0 0 0 0

$1.0\times 2^{-1}=(-1)^{0}\times(1+0)\times 2^{126-127}$ のビット列

31	30　　　　　23	22　　　　　　　　　　　　　　　　　0
0	0 1 1 1 1 1 1 0	0 0 0 0 0 0 0 0 0 0 0 0 0 0 0 0 0 0 0 0 0 0 0

$1.0\times 2^{1}=(-1)^{0}\times(1+0)\times 2^{128-127}$ のビット列

31	30　　　　　23	22　　　　　　　　　　　　　　　　　0
0	1 0 0 0 0 0 0 0	0 0 0 0 0 0 0 0 0 0 0 0 0 0 0 0 0 0 0 0 0 0 0

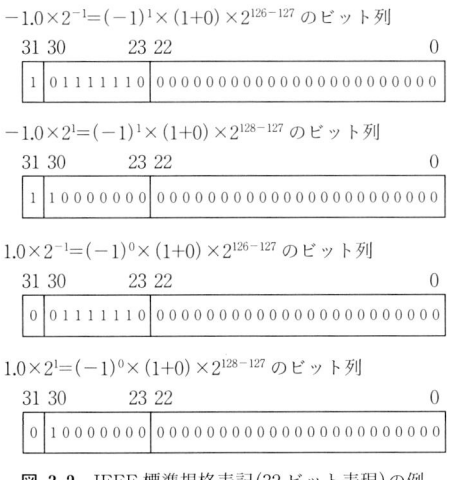

図 3.2　IEEE 標準規格表記(32 ビット表現)の例

ここでこれら四つの数の大小比較を考えよう(図3.2参照)．比較手順は

【手順1】 ビット31の符号ビットにより，数の正負が判定できるので，これによりまず数の大小が判定できる．

【手順2】 符号ビット(正負)が同じ場合は，次のビット30から23の指数部を符号なし数とみなして大小比較ができる．

【手順3】 もしも符号ビット，指数部の両方とも等しいならば，ビット22から0の仮数部を符号なし数とみなして大小比較することにより，全体の大小比較が可能となる(この例では，ビット22から0の仮数部はオールゼロであるが)．

である．このようにIEEE標準規格表記の場合，整数(固定小数点数)の比較命令によって浮動小数点数の比較が可能である．

ゲタを履かせていないと，2^{-1}の指数-1の8ビット表現(2の補数)は11111111，2^1の指数1の8ビット表現(2の補数)は00000001となり，符号なし数としてみると2^{-1}のほうが大きな数となってしまい，指数部を符号なし数とみなして大小比較することができない．

そこで指数を非負，つまり最小の指数部表現Eが00000000，最大の指数部表現Eが11111111となるように，ゲタ127を履かす．そうすると，2^{-1}の場合の指数部Eは$-1+127=126$だから01111110_2，2^1の場合の指数部Eは$1+127=128$だから10000000_2となり，整数(固定小数点数)の比較命令により，大小比較することが可能となる．これがゲタを履かす理由である．この結果，Eは0から255(指数は-128から127)となる．ただし例外があり，指数部，仮数部の値による場合分けを表3.3に示す．表3.3に示すように指数の-127と-128，つま

表3.3 IEEE標準規格表記における指数部，仮数部の値と実数値

Eの値，Mの値	実 数 値
$E=0$かつ$M=0$	$(-1)^s 0$．これはゼロであり，符号ビットにより，正の0と負の0となる．
$E=0$かつ$M\neq 0$	$(-1)^s \times 0.M \times 2^{-126}$(不正規化数)
$E=255$かつ$M=0$	$(-1)^s \infty$．これは正あるいは負の無限大である．
$E=255$かつ$M\neq 0$	数値ではない(非数値)．
$0<E<255$	$(-1)^s \times 1.M \times 2^{(E-127)}$(正規化数)

```
31 30      23 22                          0
 1 01111110 11000000000000000000000
```

図3.3 -0.875_{10}のIEEE標準規格表記

り E の値としては 0 と 255 は正規化数ではなく,ゼロ,不正規化数,無限大,非数値の表現に使用される.不正規化数により,0 と $\pm 1.0 \times 2^{-126}$ の間のきわめて小さな数が表現される.

c．例 -0.875_{10} の IEEE 標準規格表記を考えてみよう.負の数であるから $S=1$ である.0.875_{10} の 2 進数への変換は,前述した 10 進数から 2 進数への変換を用いる.$0.875_{10}=0.111_2 \times 2^0 = 1.11_2 \times 2^{-1}$ であるから,IEEE 標準規格表記の式は

$$(-1)^1 \times (1+0.11) \times 2^{126-127}$$

となる.これのビット列を図 3.3 に示す.

4

オペランドとアドレス

　ノイマン型コンピュータの命令語(アセンブリ言語命令や機械語命令)は，主に，加算，減算などの演算を指定する命令オペレータ部分と，演算対象となるオペランド(レジスタ，アドレス，値など)部分から構成される．本章ではオペランド部分に関して，オペランド形式とアドレス指定方式，そしてそれに関連するメモリ内のアドレス付与規則について説明する[*1]．これらはノイマン型コンピュータの仕組みと深い関係がある．

4.1　オペランド形式

　減算つまり引き算を例にとって説明しよう．
　「a から b を引いた結果を c とする」は，式で書けば $a-b=c$．これをアセンブリ言語ではどのように表現するのだろうか．減算命令を表すアセンブリ言語の記号を sub(subtract：減じるの頭3文字)としよう[*2]．この sub のような演算を指定する命令オペレータ記号をニーモニック(mnemonic)という．アセンブリ言語の減算命令には，次の二つの形[*3] が考えられる[*4]．
　　(候補1)　　sub a,b,c
　　(候補2)　　sub c,a,b
組み合わせ的にはもっと考えられるが，人間にとって読みにくい．そもそもアセンブリ言語は機械語に比べて読みやすいことを目標にしたのだから，候補はこの二つだろう．第6章で詳しく説明する MIPS アセンブリ言語では(候補2)を採用している．付録Dで詳しく説明する SPARC アセンブリ言語では(候補1)を

　[*1]　演算を指定する命令オペレータ部分に関しては第5章で説明する．
　[*2]　EDSAC では S であった．
　[*3]　この形のことを構文という．
　[*4]　アセンブリ言語自体の詳しい説明は第6章と付録Dにある．

採用している．

　これらa,b,cのそれぞれをオペランド(operand)と呼ぶ．この例の場合，オペランドが三つあるので3オペランド形式という．アセンブリ言語におけるオペランドとは演算対象となる部分をいう．データを読み込むためのオペランドをソース(出所)オペランド，演算結果を格納するためのオペランドをデスティネーション(行先)オペランドという．subの例の場合aとbがソースオペランド，cがデスティネーションオペランドである．

　ちなみにアセンブリ言語のオペランドには変数は記述できない．一方，高級言語では変数を使用できる．よってアセンブリ言語でプログラミングする際にはコンピュータの仕組み，この場合ならオペランドに指定できるレジスタの名前とか機能を知っている必要がある．アセンブリ言語が低水準で，高級言語が高水準ということの例である．

　オペランド形式には，3オペランド形式[*5]のほかに，1オペランド形式，2オペランド形式などがある[*6]．

(1) 1オペランド形式

　EDSACのようなアキュムレータアーキテクチャの場合である．算術演算，論理演算などの二つある演算対象の片一方と演算結果はアキュムレータに格納される．そこで，あえてアキュムレータは表立ってオペランドとして陽に指定しない．アキュムレータに格納しないもう片方の演算対象のみ陽に指定する．アキュムレータをAccと表記すると，Accの内容とメモリn番地の内容とを加算し，結果をAccに格納するアセンブリ言語命令は，たとえばadd nのように記述される[*7]．このようにオペランドにAccは陽に記述されない．

(2) 2オペランド形式

　二つのオペランド間で算術演算，論理演算などを実行し，その演算結果を二つのオペランドの片方に格納する形式である．この場合，演算結果を格納するオペランドにもともとあった演算対象データは，演算結果が上書きされるため保存されない．4.2節(2)にて説明するレジスタ-メモリ型アーキテクチャでは2オペランド形式が主である．

(3) 3オペランド形式

　二つのソースオペランド間で算術演算，論理演算などを実行し，その演算結果

[*5] 3番地方式，3アドレス方式，3番地命令形式ともいう．
[*6] これら以外に0オペランド形式のスタックアーキテクチャがあるが本書では説明しない．
[*7] EDSACではA n である．

を別の 3 番目のデスティネーションオペランドに格納する形式である．4.2 節(1)，(3)にて説明するレジスタ-レジスタ型アーキテクチャ，メモリ-メモリ型アーキテクチャでは 3 オペランド形式が基本である．

4.2 オペランド指定とアーキテクチャ

オペランドにはレジスタ，アドレス，即値(immediate, 定数値のこと)，あるいはそれらの組み合わせを指定することが可能である．算術命令，論理命令などにおいて，オペランドにレジスタを指定するか，メモリ(内のアドレス)を指定するかによって，コンピュータアーキテクチャを三つに分類することができる．三つとは，レジスタ-レジスタ型アーキテクチャ，レジスタ-メモリ型アーキテクチャ，メモリ-メモリ型アーキテクチャである．これらについて説明する．

（1） レジスタ-レジスタ型アーキテクチャ

3 オペランド形式が基本である．二つのソースオペランドにはレジスタ(片方は即値可)を，デスティネーションオペランドにはレジスタを指定することができる．アドレスを指定することはできない．よってメモリ内に所望のデータが格納されている場合には，メモリからレジスタにデータを前もって転送・格納しておかねばならない．これをロード(load)といい，担当する命令をロード命令という．逆方向のレジスタからメモリへのデータ転送・格納をストア(store)といい，担当する命令をストア命令という．いったんレジスタにデータをロードしておけばレジスタとレジスタとの間の演算は，メモリとメモリとの間の演算に比べ高速に実行できる．メモリへのアクセスはレジスタへのアクセスよりも時間がかかるからである．ただし，演算対象のメモリ内データをロード命令でいったんレジスタにロードする必要があり，実行命令数は他の二つのアーキテクチャに比べて多くなる可能性がある．これを回避するために，いったんレジスタにロードされたデータやレジスタに格納された演算結果が，後続の演算で再度使用されるように，データや演算結果をレジスタに巧みに割り付ける技法が開発されている．

レジスタは高価なためむやみに多数実装できない．またレジスタが多数になってくるとこれをいっせいに退避する事態が起こったとき(プログラムのコンテキスト切り替えという)，その退避に時間がかかってしまう．一方レジスタ数が少なすぎるとレジスタ-メモリ間のロードとストアが頻繁に起こってしまう．これらを勘案し，多くは 32 から 64 個程度のレジスタを設ける．次に説明するレジスタ-メモリ型アーキテクチャに比べればレジスタ数は多い．

4.2 オペランド指定とアーキテクチャ　　47

　これらのレジスタの多くは多目的，たとえば作業用レジスタ，サブルーチンの引数渡しレジスタや返値レジスタ，ベースレジスタ，インデックスレジスタなどに使用されるため汎用レジスタ(general register あるいは general purpose register)と呼ばれる．汎用レジスタを備えたアーキテクチャを汎用レジスタアーキテクチャということがある．

　前述したようにレジスタ-レジスタ型アーキテクチャにおいては，ロード命令，ストア命令以外の命令はメモリと直接データのやり取りをすることはできない．このためレジスタ-レジスタ型アーキテクチャはロードストアアーキテクチャと呼ばれる．命令語長は固定長であり，パイプライン処理との相性がよい．RISC型マイクロプロセッサ MIPS，SPARC はこのロードストアアーキテクチャである．

（2）　レジスタ-メモリ型アーキテクチャ

　2オペランド形式が基本である．片一方のソースオペランドにはレジスタ，もう片方のソースオペランドにはアドレスを指定することができる．アドレスを指定する方のソースオペランドには即値が指定できる場合も多い．

　二つのソースオペランド間での演算結果は，ソースオペランドの一つを格納していたレジスタに格納される．よってそのレジスタには演算結果が上書きされ，もともとあったデータは破壊されてしまうという欠点がある．

　一方，メモリからレジスタにロード命令によってデータを前もってロードしておく必要がない，レジスタとメモリとの間で演算が直接実行できる，という長所をもつ．レジスタへのデータ割り付けを工夫することにより，メモリ-レジスタ間のデータ転送を減らすことが可能である．前述のロードストアアーキテクチャにおいては，ロード命令とストア命令のみがレジスタ-メモリ型の命令であるということができる．

　かつてメモリは貴重であり，プログラムを格納するためのメモリ容量を節約する目的で命令長は一定(固定)ではなく可変であった．その流れをくむレジスタ-メモリ型アーキテクチャでは命令は可変長である．これの欠点は，命令のオペコードを解読してみないとその命令語長を知ることができないことである．このため命令フェッチ，命令解読に関する論理が複雑化，よってハードウェアが複雑化するとともに，命令先読み，パイプライン処理にも不向きである．RISC登場以前はこのレジスタ-メモリ型アーキテクチャが主であった．レジスタ-メモリ型アーキテクチャには二つのソースオペランドにレジスタを指定する2オペランド形式の命令も含まれる．

（3） メモリ-メモリ型アーキテクチャ

3オペランド形式が基本である．各オペランドにアドレスを指定することができる．デスティネーションオペランド以外のオペランドには即値も指定できる．高価なレジスタを使用しない分，安価である．メモリ内データを直接演算対象にできるのでプログラムが短くなるが，メモリとCPUとの間のデータ転送が頻繁となり，フォン・ノイマン・ボトルネックが顕在化する．たとえば，同じデータを後続の演算で使用する場合でも再度メモリからそのデータを転送しなければならない．

メモリ-メモリ型アーキテクチャは基本的に3オペランド形式であるが，レジスタ-メモリ型演算も可能な場合も多く，1オペランド形式，2オペランド形式も含め，三つの形式が混在するため可変長命令方式となる．よってパイプライン処理との相性が悪い．またオペランド数が固定の場合に比べ，ハードウェアは複雑になる．

4.3 アドレス指定

4.1節のアセンブリ言語命令の例である減算subのところで出てきたオペランドa,b,cはどこに存在し，その実体は何なのだろう．本節ではこれらについて説明する．

アセンブリ言語命令(命令オペレータとオペランド)はアセンブラにより0と1の並び(ビット列)である機械語命令に翻訳される．機械語命令のビット列には各種フィールド[8]が存在する．ニーモニックで表現される命令オペレータはビット列に翻訳されるが，それをオペコード(操作コード)という[9]．ここでは説明をわかりやすくするため機械語命令は図4.1のようにオペコードとオペランド部という二つのフィールドから構成されるとする．オペランド部には，オペランド形式により1個から3個のオペランドが指定される．オペランドには，データその

オペコード	オペランド部
MSB	LSB

図 4.1 機械語命令フィールド例

---

[8] 機械語命令1語の内部をいくつかの部分に分割し，それぞれをフィールドという．オペコード(操作コード)フィールド，オペランド部フィールドといった具合である．

[9] 命令オペレータは一つのオペコードフィールドに展開される場合も多いが，二つ以上のフィールドにわたって展開されることもある．

もの（オペランドデータ）を指定する場合，オペランドデータが存在するアドレス（オペランドアドレス）を指定する場合，レジスタを指定する場合などがある．

オペランドデータが存在する場所はレジスタ内，メモリ内，機械語命令内である．機械語命令内にオペランドデータそのものが存在する場合それは即値（定数値）である．その即値がオペランド部にいわば埋め込まれているわけである．一方メモリ内にデータが存在するときは，たとえば，オペランドにそのアドレス，すなわちオペランドアドレスを指定する．オペランドアドレスの指定方法を，アドレス方式，アドレス指定方式，あるいは単にアドレス指定（addressing あるいは addressing mode）という．

CPU は機械語命令を読み込むと，アドレス指定に従ってオペランドデータが実際に格納されている場所を計算する．メモリ内の場合はオペランドアドレスを計算する．これを実効アドレス（有効アドレス）の計算という．オペランド部で，メモリ内のアドレスを指定する場合をメモリオペランド，レジスタを指定する場合をレジスタオペランドという．オペランドの実体は，読み込んでくるデータであったり，データを書き込む先のアドレスであったりする．

多種多様なアドレス指定があるが，それらのうちの代表的な方式について以下に説明する．なお各アドレス指定の説明図は，図 4.1 と同様，簡単のため機械語命令がオペコードとオペランド部から構成されるとしてある．オペランド部には複数のオペランドが指定可能であるとし，点線で区切られているが，オペランド指定の個数（点線の本数）に特段の意味はない．

4.3.1 直接アドレス指定 （direct addressing）

オペランドにレジスタを指定する（レジスタオペランド）方式とメモリ内のアドレスを指定する（メモリオペランド）方式とがある．

（1） レジスタ直接指定 （図 4.2）

オペランドデータが，機械語命令中に指定したレジスタに格納されている．

（2） 直接アドレス指定 （図 4.3）

絶対直接アドレス指定，あるいは単に絶対アドレス指定ということもある．機

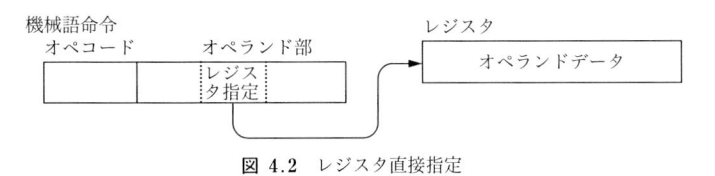

図 4.2　レジスタ直接指定

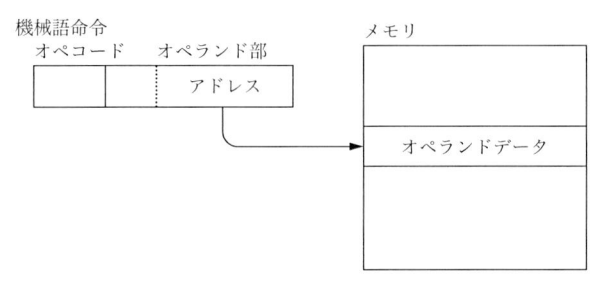

図 4.3 直接アドレス指定

械語命令中のオペランド部にアドレス(オペランドアドレス)そのものが指定されており，そのアドレスにオペランドデータが格納されている．実効アドレスの計算をする必要はないが，メモリ中のプログラム位置を変更するためには，機械語命令内のアドレスを書き換える必要がある．

4.3.2 間接アドレス指定 (indirect あるいは deferred addressing)

メモリ容量はどんどん増大してきたが，機械語命令内のアドレス指定のためのアドレス部の長さもどんどん長くしていくわけにはいかない．他のフィールドが圧迫されてしまうからである．それを解決するアドレス指定範囲拡大のためのアドレス指定の一つが間接アドレス指定である．メモリを指定するメモリ間接とレジスタを指定するレジスタ間接がある．

(1) メモリ間接アドレス指定（図 4.4）

機械語命令中のオペランド部で指定されるアドレスに格納されているのは，オペランドデータが実際に格納されているアドレスである．つまりオペランド部によって指されるアドレスに飛ぶと，そこにさらにアドレス(実効アドレス)が入っており，その実効アドレスに演算対象であるオペランドデータが入っている．1

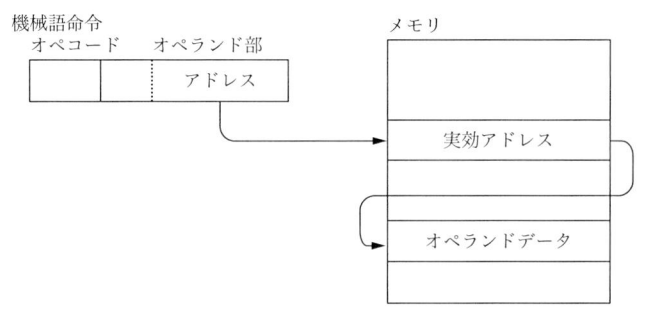

図 4.4 メモリ間接アドレス指定

4.3 アドレス指定

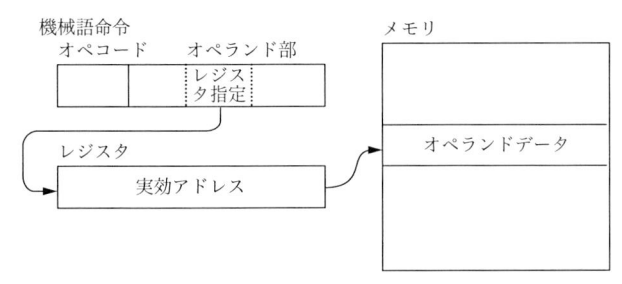

図 4.5 レジスタ間接アドレス指定

段(直接)ではなく，2段飛びなので間接と呼ばれる．メモリ間接アドレス指定により，アドレス指定範囲の拡大を図ることができるが，メモリへのアクセス回数が増加するので，次に説明するレジスタ間接アドレス指定に比べて命令の実行時間は長くなってしまう．

メモリ間接アドレス指定においては，オペランド部の値(アドレス)を変更するのではなく，オペランド部の値で指されたメモリ内アドレスに格納された値(実効アドレス)を変更することにより処理対象となるオペランドデータの位置を変更することができる．直接アドレス指定に比べ柔軟なアドレス指定であり，たとえばレジスタ数以上のデータをメモリ内の任意の連続領域に格納し，メモリ間接アドレス指定を用いることより，これらレジスタ数以上のデータを送受することが可能になる．

（2） レジスタ間接アドレス指定（図4.5）

オペランド部で指定したレジスタに実効アドレス(メモリ内のオペランドアドレス)が格納されている．その実効アドレスに飛ぶと，そこに演算対象であるオペランドデータが格納されている．レジスタ間接アドレス指定は，値が0のインデックスレジスタを用いたインデックス修飾レジスタ間接のこともある．

4.3.3 相対アドレス指定（relative addressing）

PC(プログラムカウンタ)相対アドレス指定，ベースレジスタ修飾，インデックスレジスタ修飾の3種類がある．変位(相対アドレス，ディスプレースメント，オフセットともいわれる)と特定のレジスタの内容を加算した結果がオペランドアドレスである．特定のレジスタとしてPC，ベースレジスタ，インデックスレジスタが使用される．ベースレジスタ，インデックスレジスタとしては専用のレジスタが用意される場合と，汎用レジスタが使用される場合とがある．レジスタ

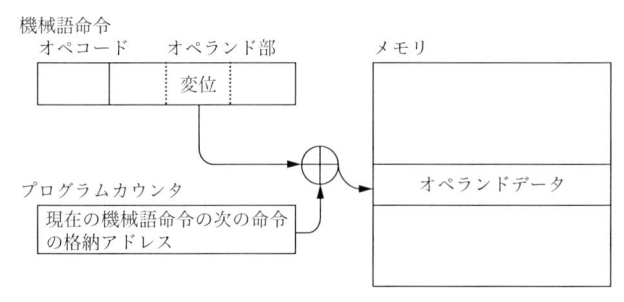

図 4.6 PC 相対アドレス指定

の内容によってアドレスを変更(modify)するわけだが，英語 modify を修飾と訳したためアドレス修飾(address modification)という．アドレス修飾を使用しないアドレス指定を絶対アドレス指定と呼ぶ．メモリ容量の増大に対応するためのアドレス指定の一つである．

（1） PC 相対アドレス指定（図 4.6）

自己相対アドレス指定ともいわれる．PC の値(機械語命令が格納されているアドレス)に機械語命令中に指定した変位を加算した結果がオペランドアドレスである．

PC 相対アドレス指定では，各機械語命令やデータのアドレスは PC の値からの変位(相対アドレス)により指定されるから，命令やデータをメモリ内で移動することが可能，つまり命令やデータを，許可されたメモリ領域内ならばどこに置いてもかまわない．これを再配置可能(リロケータブル，relocatable)という．

PC 相対アドレス指定は後述する分岐命令の飛び先アドレスの指定方式としても使用される．この場合，分岐命令が置かれているアドレス(PC の値)と分岐先のアドレスとの差を変位として指定する．PC は多くの場合，次の命令の置かれているアドレスをすでに指しているから，それを考慮に入れて飛び先アドレスが計算され，指定される．PC 相対アドレス指定では次に説明するベースレジスタのような特別なレジスタを必要としない．

（2） ベースレジスタ修飾（ベースレジスタ相対アドレス指定）（図 4.7）

単にベース修飾とも呼ばれる．PC ではなくベースレジスタと呼ばれるレジスタを基準に用いる．ベースレジスタ修飾では，メモリ内のプログラム領域の先頭アドレスを基準アドレスとし，それをベースレジスタに格納する．そして各機械語命令やデータのアドレスは基準アドレスからの変位(相対アドレス)により指定される．つまりベースレジスタの内容と変位を加算した結果が実効アドレス(オ

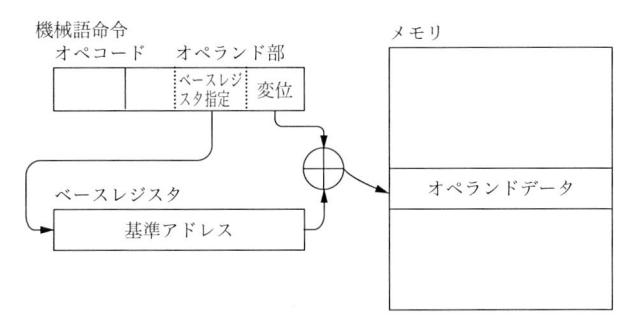

図 4.7　ベースレジスタ修飾

ペランドアドレス)となる．

　ベースレジスタ修飾を採用すれば，命令とデータは再配置可能となる．次に説明するインデックスレジスタ修飾と似ているが，ベースレジスタ修飾は基本的には，ベースレジスタにより，そのプログラム領域の先頭アドレスを指示し，変位によってプログラム領域内のアドレスを指示するという方式である．

　ベースレジスタ修飾を，即値変位(ディスプレースメント)付きレジスタ間接ということがある．これは，オペランドにベースレジスタを指定し，そのベースレジスタの内容(これはレジスタ間接)と変位(即値)を加算した結果がオペランドアドレスになっているからである．

(3) インデックスレジスタ修飾（インデックスレジスタ指定）

　インデックス修飾，インデックスアドレス指定，あるいは単にインデキシングともいわれる．機械語命令中のメモリオペランド値，レジスタオペランドによるレジスタ間接アドレス値などと，指定したインデックスレジスタの内容を加算した結果がオペランドアドレスとなる．

　インデックスレジスタ修飾においては，プログラム実行中にインデックスレジスタの内容(値)を増減させることにより，オペランドデータ位置指定(実効アドレス)を増減することができる．これにより，メモリ上の連続したアドレス内にあるデータ，たとえば配列データの要素などに対する同一処理の繰り返し実行を効率化することができる．EDSAC にも B レジスタというインデックスレジスタが存在した．

　ベースレジスタ修飾と似ているが，インデックスレジスタ修飾はプログラム実行中のオペランドアドレス変更に使用される．ベースレジスタ修飾とインデックスレジスタ修飾を組み合わせ，ベースレジスタによりそのプログラム領域の先頭

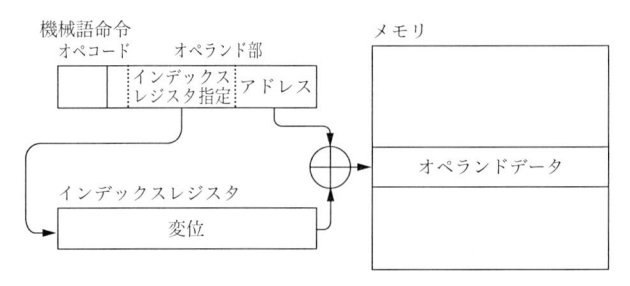

図 4.8 インデックスレジスタ修飾（インデックスレジスタと
メモリオペランドの場合）

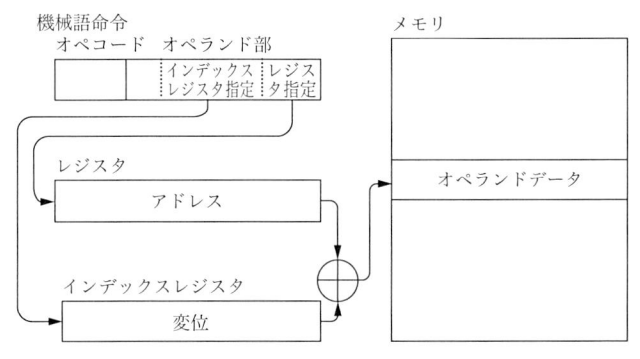

図 4.9 インデックスレジスタ修飾（インデックスレジスタと
レジスタオペランドの場合）

アドレスを指示し，インデックスレジスタ修飾によりプログラム領域内のアドレスを指示することが可能である．

メモリオペランドとインデックスレジスタの組み合わせを図 4.8 に，レジスタオペランドとインデックスレジスタの組み合わせを図 4.9 に示す．このレジスタオペランドとインデックスレジスタの組み合わせは，オペランドに指定したレジスタをベースレジスタとみなせばベース相対インデックス修飾である．また，この組み合わせはオペランドにレジスタを指定し，そのレジスタの内容（これはレジスタ間接）とインデックスレジスタの値を加算した値がオペランドアドレスとなっているから，インデックス修飾レジスタ間接ともいわれる．

4.3.4 即値アドレス指定 (immediate addressing)（図 4.10）

即値形式，リテラル(literal)形式ともいう．オペランドに即値(定数値)を指定

```
機械語命令
  オペコード  オペランド部
  ┌─────┬─────────┐
  │     │  即値   │
  └─────┴─────────┘
```

図 4.10 即値アドレス指定

する．その即値は機械語命令内オペランド部に埋め込まれ，その機械語命令の処理対象とされる．もし即値をオペランドデータにできないとすると，いったん定数値をメモリ内に格納し，たとえばレジスタ間接により定数値を格納したアドレスを指定し，メモリにその定数値を取りにいかねばならない．プログラムにおいては，配列内要素インデックスや繰り返し回数の増減，比較演算，後述するスタック境界の調整，シフトカウントなどで，比較的小さな整数を演算に使用することが多いので，この即値アドレス指定は有効である．

4.3.1〜4.3.4 項の各種アドレス指定は組み合わせて使用可能である．直接か間接か，ベースレジスタを使用するかしないか，インデックスレジスタを使用するかしないか，即値は可かといった組み合わせである．たとえば，間接で，ベースレジスタ使用で，インデックスレジスタ使用といった具合いであり，これは，インデックス修飾レジスタ間接(ベース相対インデックス修飾)である．

CISC はメモリ-レジスタ型アーキテクチャあるいはメモリ-メモリ型アーキテクチャであり，可変長命令であるから多くのアドレス指定をもっている．一方，RISC はロードストアアーキテクチャだからメモリアクセスが許されているのはロード命令とストア命令のみであり，ロード命令とストア命令以外の命令はレジスタ-レジスタ型演算のため，RISC において使用できるアドレス指定は少数しかない．

4.4 アドレス付与規則

ノイマン型コンピュータの定義の一つに線形アドレスをあげた(1.2 節)．メモリには住所としての番地(アドレス)が順に付与されている．本節ではアドレスの付与に関する規則であるバイトアドレス，整列化制約(アラインメント制約)，アドレス付け規約(エンディアン方式)について説明する．

本節では説明のため，1 語 32 ビットとする．よって半語は 16 ビット，倍長語は 64 ビットということになる．

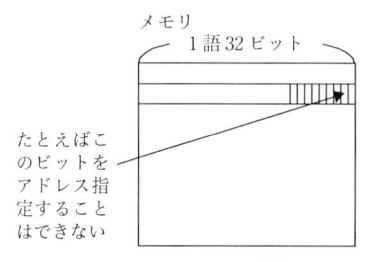

図 4.11　ビットアドレス指定不可 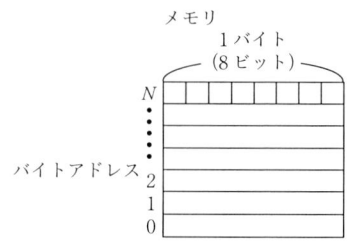　　図 4.12　バイトアドレス(10進数表現)

4.4.1　バイトアドレス

1960 年代半ば以降のコンピュータでは通常，メモリ内の個々のビットをアドレスとして指定することはできない．たとえば図 4.11 のようなことはできない．メモリはバイトごとに区切られ，各バイトに線形アドレスが付与されている（バイトアドレス）（図 4.12）．いわばバイトごとに住所が付与されている．

バイトは記号 B で，ビットは記号 b で略記されることがある．主記憶や 2 次記憶の容量の単位に用いられる 1 KB（キロバイト）は約千 B であり正確には $2^{10}=1024$ B，1 MB（メガバイト）は約百万 B であり正確には $2^{20}=1048576$ B，1 GB（ギガバイト）は約十億 B であり正確には $2^{30}=1073741824$ B である．

4.4.2　整列化制約（アラインメント制約）

データの長さには，半語(2 バイト)，語(4 バイト)，倍長語(8 バイト)などがある．ではそれらのデータはメモリ内のどのバイトアドレスからでも格納可能かというと，規約を設け，それを許さない場合も多い．この規約を整列化制約，整列化規約，アラインメント制約(alignment restriction)などという．

この制約を課す場合，1 語は 32 ビットすなわち 4 バイトであるから，語に対するアドレス（語アドレス[*10]）は図 4.13 のようにバイトアドレス 0 から 4 バイト刻みで進んでいく．このように語アドレスは 4 の倍数でなければならない．また半語アドレスはバイトアドレス 0 から 2 バイト刻み，倍長語アドレスは 0 から 8 バイト刻みで進んでいく．これら以外の刻みのところを半語，語，倍長語の先頭として指定し，格納したり，読み出したりすることは許されない．MIPS，SPARC ではこのような整列化制約を課している．

メモリは各刻み単位で分割されており，語ならばたとえばバイトアドレス 3 番

[*10] 以降，語に対するアドレスを語アドレスと略す．

4.4 アドレス付与規則

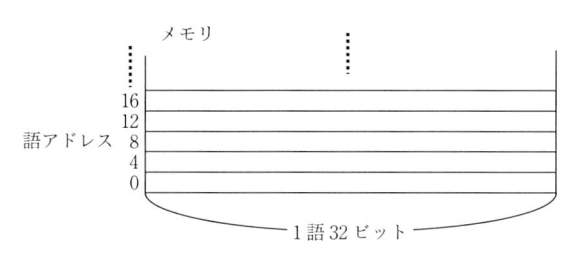

図 4.13 整列化制約に基づく語アドレス(10進数表現)

地と4番地の間に境界があり，これを語境界という．バイト，半語，倍長語に関しては，バイト境界，半語境界，倍長語境界という．バイト境界は1バイトごと，半語境界は2バイトごと，倍長語境界は8バイトごとに存在する．

メモリへのアクセスは，まとまった固まり，たとえば倍長語単位で実行される．よって半語や語が倍長語境界にまたがって格納されていると，たとえば読み出しのためには2回メモリにアクセスしなければならなく，さらには2回に分けて読み出したデータをつなぎあわせる処理が必要となる．アラインメント(整列化)することによりデータ転送の効率が向上する．

4.4.3 アドレス付け規約 (エンディアン方式)

バイトアドレスと語アドレス[10]の関係を規定するアドレス付け規約(addressing convention)には2種類の方式がある．ビッグエンディアン(big endian)方式とリトルエンディアン(little endian)方式である．

語アドレスは整列化制約により4の倍数のバイトアドレスであることは説明した．そこで，バイトアドレス $4N$ で語アドレスを指定するとしよう．このとき，バイトアドレス $4N$，$4N+1$，$4N+2$，$4N+3$ ($N=0, 1, 2, \cdots$)の4バイトがこの1語を構成する．

では，その内部構造，つまりバイト順はどうなっているのであろうか．語内のバイト順には，2種類の方式，ビッグエンディアン方式とリトルエンディアン方式がある．位の高い MSD(最上位桁)側から順にバイトを並べていく，つまり大きな端から並べていくのがビッグエンディアン方式である．位の低い LSD(最下位桁)側から順にバイトを並べていく，つまり小さな端から並べていくのがリトルエンディアン方式である．

ちなみにエンディアン(インディアンではない！)の語源[Cohen]は，ガリヴァー旅行記[Swift]にある．ご存知のようにガリヴァーは小人の国に行ったり巨人

の国に行ったりしたが，小人の国に行ったとき，そこではゆで卵の食べ方に2派あり，その間で争いが起こっていた．一つはビッグエンディアン派で，他の一派はリトルエンディアン派であった．ビッグエンディアン派は，ゆで卵の殻を割って中身を食べるとき，大きな(big)端(end)の方から割って食べる人たちであり，リトルエンディアン派は，尖った方，すなわち小さな(little)端(end)から割って食べる人たちであった．

(1) ビッグエンディアン方式

　ビッグエンディアン方式では，MSD側から順にバイトアドレス $4N$，$4N+1$，$4N+2$，$4N+3$ の中身が格納されていく(図4.14)．図4.14でみると，バイトアドレスが語内においてMSD側からLSD側へと一つずつ増加していく．つまりアドレスが増加するにつれて位が低下する．そして語内のMSDを含むバイトアドレス，つまり最上位バイトアドレスがその語の語アドレスとなる．

　では，バイト内のビット順もビットアドレス[*11]が増加するに従って位が低下するビッグエンディアン方式かというと，MIPS，SPARCもそうではなく，ビットアドレスが増加するに従って位が上昇するリトルエンディアン方式となっている．バイト内のビットアドレス順(ビット番号)は図4.15のようである．また，MIPSの文献[Farquhar]，[Heinrich]，[Patterson]，[Sweetman]，SPARCの文献[Sparc]，そして本書の表記もそうであるが，語内のビットアドレス(ビット番号)もリトルエンディアン方式で，MSDがビット31，LSDがビット0とする．

　英文字AのJIS文字コードは8ビット(1バイト)長で，2進数表現は

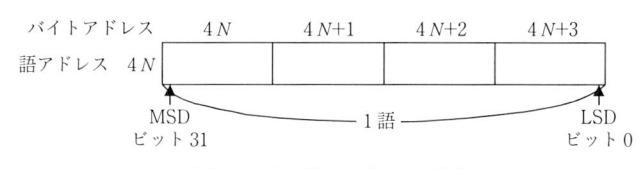

図 4.14　ビッグエンディアン方式

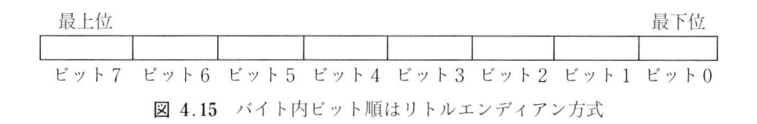

図 4.15　バイト内ビット順はリトルエンディアン方式

　[*11]　ただし，SPARCもMIPSもアドレスの最小単位はバイトであり，実際には各ビットに付与したビットアドレスというものはないし，ビットに陽にアクセスできる命令もない．

4.4 アドレス付与規則

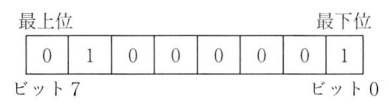

```
最上位                         最下位
┌─┬─┬─┬─┬─┬─┬─┬─┐
│0│1│0│0│0│0│0│1│
└─┴─┴─┴─┴─┴─┴─┴─┘
ビット7                        ビット0
```

図 4.16 バイト内の文字ビット列とビット番号

```
バイトアドレス   4N    4N+1   4N+2   4N+3
語アドレス 4N │ 1 2 │ 3 4 │ 5 6 │ 7 8 │
              ↑                         ↑
             MSD ←───── 1 語 ─────→ LSD
           ビット 31                 ビット 0
```

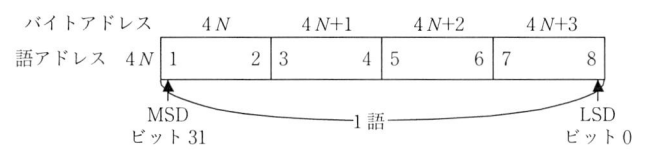

図 4.17 ビッグエンディアン方式での符号なし 32 ビット整数の格納

```
バイトアドレス   4N    4N+1   4N+2   4N+3
語アドレス 4N │  A  │  B  │  C  │  D  │
              ↑                         ↑
             MSD ←───── 1 語 ─────→ LSD
           ビット 31                 ビット 0
```

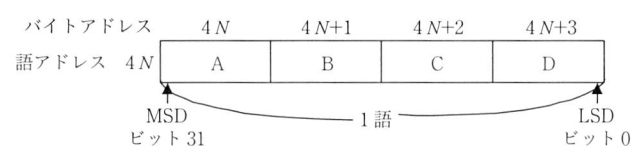

図 4.18 ビッグエンディアン方式での文字列の格納

01000001 である．この文字 A のビット列はバイト内では図 4.16 のようになる．

ビッグエンディアン方式で符号なし 32 ビット整数 12345678_{16} を 1 語に格納すると図 4.17 のように数値の最上位がバイトアドレス $4N$ 内，最下位がバイトアドレス $4N+3$ 内になる[*12]．

ビッグエンディアン方式で英文字列 ABCD[*13] を 1 語に格納すると図 4.18 のようになる．文字列の各文字（バイト）は語内にビッグエンディアン方式のバイト順で格納される．

（2） リトルエンディアン方式

リトルエンディアン方式は，語内のバイト順がビッグエンディアン方式と逆であり，LSD 側から順にバイトアドレス $4N$，$4N+1$，$4N+2$，$4N+3$ の中身が格納されていく（図 4.19）．図 4.19 でみると，バイトアドレスが語内において

```
バイトアドレス  4N+3   4N+2   4N+1    4N
語アドレス 4N │     │     │     │     │
              ↑                         ↑
             MSD ←───── 1 語 ─────→ LSD
           ビット 31                 ビット 0
```

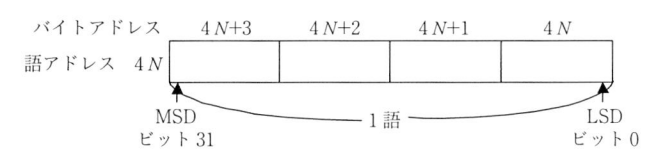

図 4.19 リトルエンディアン方式

[*12] 16 進数各 1 桁は 4 ビットで表現されるから，バイト内に 2 桁ずつ入る．
[*13] 各文字は JIS 文字コード 8 ビット（1 バイト）で表現されるとする．

```
バイトアドレス  4N+3   4N+2   4N+1   4N
語アドレス  4N │ 1   2 │ 3   4 │ 5   6 │ 7   8 │
              ↑MSD           ←1語→           LSD↑
              ビット31                       ビット0
```

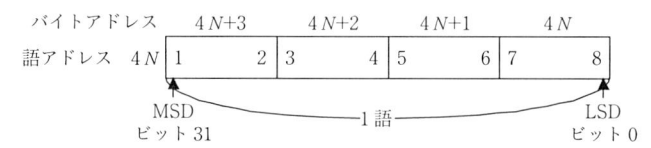

図 4.20　リトルエンディアン方式での符号なし 32 ビット整数の格納

```
バイトアドレス  4N+3   4N+2   4N+1   4N
語アドレス  4N │  D  │  C  │  B  │  A  │
              ↑MSD       ←1語→       LSD↑
              ビット31                 ビット0
```

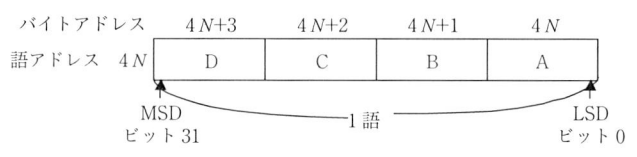

図 4.21　リトルエンディアン方式での文字列の格納

LSD 側から MSD 側へと一つずつ増加していく．つまりアドレスが増加するにつれて位も増加する．そして語内の LSD を含むバイトアドレス，つまり最下位バイトアドレスがその語の語アドレスとなる．

リトルエンディアン方式で符号なし 32 ビット数 12345678_{16} を 1 語に格納すると図 4.20 のように数値の最上位がバイトアドレス $4N+3$ 内，最下位がバイトアドレス $4N$ 内になる．

リトルエンディアン方式で文字列 ABCD を 1 語に格納すると図 4.21 のようになる．各文字(1 バイト)は語内にリトルエンディアン方式のバイト順で格納される．

このようにバイトアドレスと語アドレスの関係，語内のバイト順の規定法には 2 種類の方式があるので，エンディアン方式の異なるコンピュータ間，あるいはコンピュータと入出力システムとの間でデータのやり取りをする場合には注意を要する．ビッグエンディアン方式には，SPARC，モトローラ社 MC 68000，IBM メインフレームなどがある．リトルエンディアン方式にはインテル社 Pentium などがある．MIPS は両方に対応している．ただし，同じエンディアン方式でも細かな違いがある場合があり，注意を要する．

5

基本的演算とその拡張

　ノイマン型コンピュータの命令語(アセンブリ言語命令や機械語命令)は，主に，加算，減算などの演算を指定する命令オペレータ部分と，演算対象となるオペランド(レジスタ，アドレス，値など)部分から構成される．前章のオペランド部分に関する説明に引き続き，本章では演算の基本部分について説明する．

　第1章でその構造を説明したノイマン型コンピュータの演算部内演算ユニット(図1.2)にある ALU(arithmetic and logic unit，算術論理演算ユニット)は論理演算，加算，減算などを担当する．そのために ALU 内には論理演算回路，加算器(加算回路，補数回路)がある．これらを軸に，論理演算，加減乗除演算，そしてそれら基本的演算の拡張ともいえるサブルーチンについて説明する．これらは MIPS あるいは SPARC といった特定のマイクロプロセッサに依存しない，ノイマン型コンピュータに共通の基本機能である．

5.1 論 理 演 算

　第6章や付録Dの論理命令を理解する上でも必要な，ノイマン型コンピュータにおける論理演算，論理回路，ALU 内論理演算回路について説明する．
(1) 論 理 演 算
　論理演算は論理代数(ブール[*1]代数ともいう)に基づく演算である．ここでの変数は論理変数と呼ばれ，その値(論理値)は通常1(真)か0(偽)である．
　a．ブール代数則　　基本的な論理演算である，論理和，論理積，論理否定，排他的論理和の説明に先立ち，論理式を操作する上で役に立つ規則であるブール代数則についてまとめておく．A, B, C は論理変数，+ は OR 演算子，・は AND 演算子，‾ は論理否定演算子である．

---
　*1　ブールとは19世紀の数学者 George Boole である．

恒等則：　　　　　　$A+0=A$, $A\cdot 1=A$
0と1の代数則：　$A+1=1$, $A\cdot 0=0$
逆元則：　$A+\bar{A}=1$, $A\cdot\bar{A}=0$
交換則：　$A+B=B+A$, $A\cdot B=B\cdot A$
結合則：　$A+(B+C)=(A+B)+C$, $A\cdot(B\cdot C)=(A\cdot B)\cdot C$
分配則：　$A\cdot(B+C)=(A\cdot B)+(A\cdot C)$,
　　　　　$A+(B\cdot C)=(A+B)\cdot(A+C)$
ドモルガン(DeMorgan)の定理：　$\overline{A+B}=\bar{A}\cdot\bar{B}$, $\overline{A\cdot B}=\bar{A}+\bar{B}$

以下では，真理値表を用いて論理演算を表現する．真理値表とは，論理変数の値の組み合わせと対応する演算結果値を表にしたものである．

b．論理和　演算子[*2](OR 演算子)は＋, or などであり，2項演算子[*3]である．少なくとも一つの論理変数値が1(真)ならば，論理和の結果値は1(真)である．真理値表を表5.1に示す．A, B は論理変数，1は真値，0は偽値である(以下同様)．表5.1の上から2行目を例にとると，論理変数 A が0, B が0のとき，論理和 $A+B$ は0である，と読む．

c．論理積　演算子(AND 演算子)は・や and などであり，2項演算子である．論理積は，論理変数値がすべて1のときのみ，結果値は1である．真理値表を表5.2に示す．

d．論理否定(あるいは単に否定)　単項演算子であり，たとえば，論理変数 A の論理否定を $\bar{A}$ と表現する．結果値が1となるのは，論理変数値が0のときである．真理値表を表5.3に示す．

e．排他的論理和　演算子(EX-OR 演算子あるいは XOR 演算子)は $\oplus$ などであり，2項演算子である．排他的論理和は，値が1の論理変数が奇数個のとき，結果値は1となる．真理値表を表5.4に示す．なお，$A\oplus B=(A+B)\cdot\overline{(A\cdot B)}=\bar{A}\cdot B+A\cdot\bar{B}$ である．ブール代数則と真理値表を用いて確認しては

表 5.1　論理和の真理値表

A	B	$A+B$
0	0	0
0	1	1
1	0	1
1	1	1

表 5.2　論理積の真理値表

A	B	$A\cdot B$
0	0	0
0	1	0
1	0	0
1	1	1

[*2] 演算子とは演算記号のこと．
[*3] 演算対象が二つあり，演算対象の間に演算子が置かれる．

表 5.3　論理否定の真理値表

A	$\bar{A}$
0	1
1	0

表 5.4　排他的論理和の真理値表

A	B	$A \oplus B$
0	0	0
0	1	1
1	0	1
1	1	0

しい．

(2)　論理回路

論理和，論理積，否定の論理回路表記について説明する．

a．OR ゲート　　論理和を表す論理回路は OR ゲートと呼ばれ，図5.1のように表記する．入力が二つ(A, B)，出力が一つ(C)で，$A+B=C$の関係である．

b．AND ゲート　　論理積を表す論理回路は AND ゲートと呼ばれ，図5.2のように表記する．入力が二つ(A,B)，出力が一つ(C)で，$A \cdot B=C$の関係である．

c．NOT ゲート　　論理否定を表す論理回路は NOT ゲート(インバータゲート，あるいは単にインバータともいう)と呼ばれ，図5.3のように表記する．入力が一つ(A)，出力が一つ(C)で，$\bar{A}=C$の関係である．単に○で表すことも多い．

d．ALU 内論理演算回路　　ALU は基本的には3種類のゲート，AND ゲート，OR ゲート，NOT ゲートで実現可能である．ALU 内の論理演算回路は論理和回路部分と論理積回路部分からなり，AND ゲートと OR ゲートそのものを用いて実現可能である．

ではこれらゲートはどのようにして実現されているのか，すなわちその内部構造はどうなっているのだろうか．

たとえば，AND ゲートは図5.4のような回路で実現可能である．スイッチはある入力電圧以上で閉じる，すなわち電流が流れるとする．両方のスイッチが閉じたときのみ，電流が流れ，図5.4のように電球があればこれが点灯する．これをまとめると表5.5のようになる．電圧低を0，電圧高を1，消灯を0，点灯を1

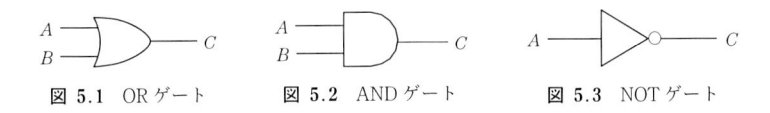

図 5.1　OR ゲート　　　　図 5.2　AND ゲート　　　　図 5.3　NOT ゲート

図 5.4 ANDゲート

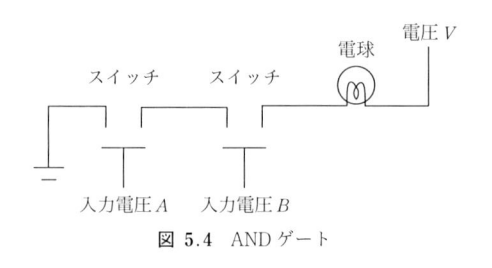

表 5.5 電圧の高低と電球の点消灯

入力電圧 A	入力電圧 B	電球 C
低	低	消灯
高	低	消灯
低	高	消灯
高	高	点灯

とみなせば，論理積 $A \cdot B = C$ が実現されていることがわかる．

　コンピュータ内部は，電圧があるレベル以上(高)か以下(低)か，電流が流れているか，いないかといった2値の世界であり，2進数が適しているということがわかるだろう．このようなスイッチに相当する電子回路や記憶を担当する電子回路はトランジスタ，コンデンサなどのハードウェア(回路素子)を用いて実現されている(図2.1参照)．

　ではANDゲートのような電子回路は，回路素子を用いて，具体的にどのように実現されているのだろうか．こうなってくるとコンピュータの仕組みを知る上で一体どこまで深く理解すればよいかという問題に突き当たる．コンピュータの基本的仕組みをまずは知りたいという人にとってこれらはブラックボックスでよいと思うので，これ以上は深入りしないことにする．これらについて知りたい人は，組み合わせ回路，順序回路，PMOS，NMOS，CMOSといった項目について記述してある書籍を参照してほしい．

5.2　加算と減算

　ALUの中でも最も基本的な演算機構である加算器，それによる加算と減算について説明する．

（1）1ビットの加算

　まず1ビットの加算の場合分けをしてみよう(表5.6)．入力を A と B (A を被

加数，B を加数)とする．

A と B がともに 1 のとき，加算結果(R)は 1 ビット目に収まらない．つまり桁上げが起こってしまい 2 ビット目が必要である．そこで 1 ビット加算を実現する 1 ビット加算器では，桁上げ分の 1 ビットをすぐ上位の桁を担当する 1 ビット加算器に対して出力する必要がある．桁上げビットのことをキャリービット(carry bit：C bit)と呼ぶ．一方，1 ビット目を和ビット(sum bit：S bit)という．

（2） 1 ビット半加算器

表 5.6 の R 部分は，表 5.7 のように桁上げビット(キャリービット)と和ビットに分離して表すことができる．桁上げ(C)は $A \cdot B$，和(S)は $A \oplus B$ で表現でき，表 5.7 はこれに基づく真理値表である．ここにおいて下の桁からの桁上げはまだ考慮されていないから，表 5.7 に基づく加算器を 1 ビット半加算器(1 bit half adder)という．

1 ビット半加算器の論理回路は，AND ゲート，OR ゲート，NOT ゲートの組み合わせで実現できる(図 5.5)．図 5.5 と真理値表 5.7 と見比べて，確かめてほしい．

（3） 1 ビット全加算器

半加算器では除外していた下の桁からの桁上げを考慮した 1 ビット加算器の入力は三つ(A, B, 下の桁からの桁上げ)，出力は二つ(S と上の桁への桁上げ)である．このような加算器を 1 ビット全加算器(1 bit full adder)という．

i 桁目の 1 ビット全加算器において，上の桁($i+1$ 桁目)への桁上げ出力をキャ

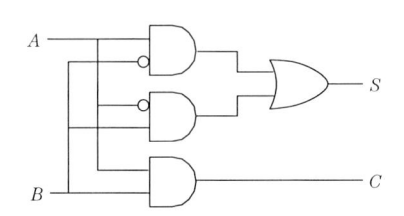

図 5.5 1 ビット半加算器の論理回路 (○は否定)

表 5.6 1 ビットの加算

A	B	R(結果)
0	0	00
1	0	01
0	1	01
1	1	10

表 5.7 1 ビット半加算器の真理値表

A	B	C(桁上げ)	S(和)
0	0	0	0
1	0	0	1
0	1	0	1
1	1	1	0

リーアウト(C_i と表記)，下の桁($i-1$ 桁目)からの桁上げ入力をキャリーイン(C_{i-1} と表記)という．

三つの入力 A_i，B_i，C_{i-1} から二つの出力 C_i と S_i を計算する式(論理式)は以下のようになる．

$$C_i = \bar{A}_i \cdot B_i \cdot C_{i-1} + A_i \cdot \bar{B}_i \cdot C_{i-1} + A_i \cdot B_i \cdot \bar{C}_{i-1} + A_i \cdot B_i \cdot C_{i-1}$$
$$= A_i \cdot B_i + A_i \cdot C_{i-1} + B_i \cdot C_{i-1}$$
$$S_i = A_i \cdot \bar{B}_i \cdot \bar{C}_{i-1} + \bar{A}_i \cdot B_i \cdot \bar{C}_{i-1} + \bar{A}_i \cdot \bar{B}_i \cdot C_{i-1} + A_i \cdot B_i \cdot C_{i-1}$$
$$= A_i \oplus B_i \oplus C_{i-1}$$

論理式の変形に関しては前述のブール代数則により確かめてほしい．

また真理値表は表 5.8 のようになる．このように真理値表を用いれば，各論理変数の値を順に組み合わせていくことにより任意の論理式を表現できるが，論理変数やその間の論理演算が増加すると表が大きくなり，理解しにくくなる．

1 ビット全加算器は 1 ビット半加算器を二つ組み合わせることにより実現できる(図 5.6)．1 ビット全加算器は，論理和回路と論理積回路から構成される 1 ビット論理演算回路とともに，1 ビット ALU を構成する．そしてこれを 32 個連結すれば 32 ビットの ALU の基本が完成する．

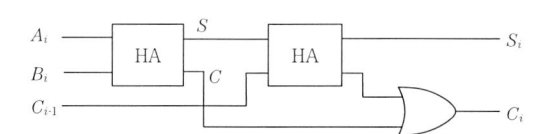

図 5.6 1 ビット半加算器を二つ用いた 1 ビット全加算器
(HA(half adder)は 1 ビット半加算器)

表 5.8 1 ビット全加算器の真理値表

入		力	出	力
A_i	B_i	C_{i-1}	C_i	S_i
0	0	0	0	0
0	0	1	0	1
0	1	0	0	1
0	1	1	1	0
1	0	0	0	1
1	0	1	1	0
1	1	0	1	0
1	1	1	1	1

（4） 32ビット順次桁上げ加算器による加算と減算

1ビット全加算器を32個連結した論理回路の概略を図5.7に示す．これを順次桁上げ加算器[*4]という．これにより32ビットどうしの加算が可能となる．そしてこれを基本として減算も可能となる．次にこれについて説明する．

まず注目してほしいことは第0ビット目の全加算器にもキャリーイン C_{-1} があることである．第0ビット目の下にはもうビット（桁）がないので，桁上げが起こってくる可能性はない．ではこのキャリーインは不要かというとこれが有用なのである．3.4.2項で説明したように減算は負数の加算に変換する．図5.7を基本として $A-B$ を実現するためには，入力 B の各ビットを反転した上で（1を0，0を1），キャリーイン C_{-1} を1にし（1を足し），全加算器を通す．それは B の2の補数の加算であり，$A-B$ が得られる．このような補数計算は，たとえば図5.8のように補数用制御信号線を回路に追加することによって実現できる．

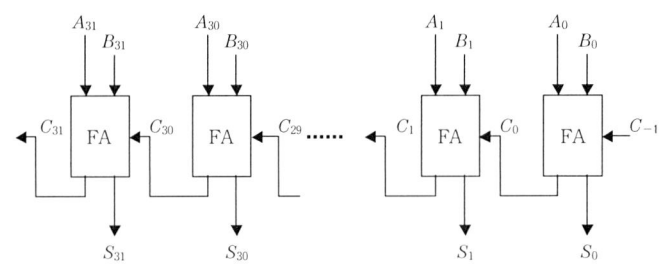

図 5.7　32ビット順次桁上げ加算器の構成（FA（full adder）は1ビット全加算器）

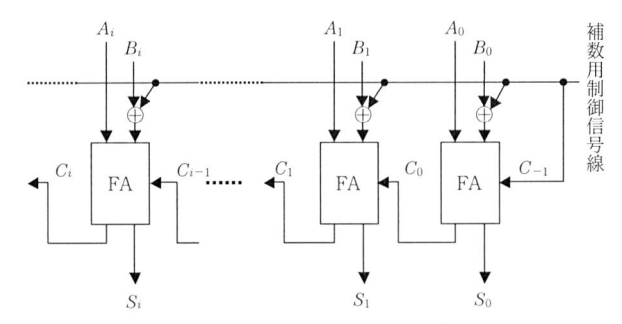

図 5.8　減算も可能な32ビット順次桁上げ加算器の構成
　　　（⊕は排他的論理和回路）

[*4] 逐次桁上げ加算器，桁上げ伝搬加算器，リップルキャリーアダー（ripple carry adder）ともいう．

減算($-B$)の際には補数用制御信号線の入力値を1にすれば，排他的論理和回路により，Bの各ビットが反転され，キャリーインC_{-1}も1になる（1が加算される）．加算の場合は，補数用制御信号線の入力値を0にするから，Bの各ビットはそのままでキャリーインC_{-1}も0である．

このように2の補数を採用した場合，最下位桁のための1ビット全加算器は他の上位ビットのための1ビット全加算器と同一構造であり，ハードウェアが単純になる．これが，2の補数がコンピュータにおいて広く使われるようになった理由である．

図5.8の最上位桁からのキャリーアウトは，オーバーフローの検出に用いられる．演算結果がコンピュータ内部（今の場合32ビット）で表現できる数の範囲を超えることをオーバーフロー，桁あふれあるいは単にあふれという．

順次桁上げ加算器においては，下位桁からの桁上げが上位の桁に次々と伝播していく．そのため，最上位の桁の出力CとSが確定するまでに時間がかかり，演算実行速度は遅い．順次桁上げ加算器を例にとって説明したのは，わかりやすい基本的な方式であり，コンピュータの仕組みの基本を理解しやすいからである．現在の加算器には各種の高速化のための方式が導入されている．

なお，ALUで実行する演算が，論理和演算なのか，論理積演算なのか，加減算なのかによって，必要とする出力が違う．論理和回路，論理積回路，加算器回路のそれぞれの結果である出力3種を入力とする切換え回路を設け，制御信号入力に基づいて必要な出力を選択する．この切換え回路をマルチプレクサあるいはセレクタという．これにより所望のALU出力を得ることができる．

5.3 乗　　　算

コンピュータ内部では乗算（掛け算）はどのようにして実現されているのだろうか．本節ではこれについて説明する．

（1）筆算による乗算

まず符号なし2進整数の乗算の筆算例を図5.9に示す．図5.9において，10011を被乗数，10101を乗数，結果である110001111を積という．さてこの筆算を順にみていこう．

1. 乗数である10101のLSB（ビット0）は1であるから，10011×1＝10011ということで①の行には被乗数そのものである10011が置かれる．
2. 乗数の次の上位ビットであるビット1は0であるから，10011×0＝0と

```
        10011      ……………  被乗数
      ×10101      ……………  乗数
        10011      ……………  ①
       00000      ……………  ②
      10011      ……………  ③
     00000      ……………  ④
   ＋10011      ……………  ⑤
     110001111  ……………  積
```

図 5.9 乗算の筆算例

いうことで②の行には 00000 が置かれる．ここで②の 00000 が①の 10011 より 1 ビットだけ左にシフトしていることに注目し，覚えておいてほしい（次の乗算回路で関係してくる）．

3. 乗数の次上位ビットであるビット 2 は 1 だから 10011×1 ということで③の行には 10011 が，②の行より 1 ビット左にシフトした位置に置かれる．

4. 以下，乗数の MSB に到達するまで，乗数の対応ビットが 1 なら 10011 が，0 なら 00000 が，前の行より 1 ビット左にシフトした位置に置かれていく．そして①から⑤までの行を加算したものが結果の積となっていることがわかる．図 5.9 では，最後に①から⑤までの行を加算しているが，①と左シフトした②とを足して中間結果とし，それと左シフトした③とを足してさらに中間結果とし，さらにそれと左シフトした④とを中間結果として，さらに…と繰り返してもよい．

以上みてきたように，乗算というものはシフト演算と加算の繰り返しによって実現可能である．コンピュータ内部においても基本的にはシフト演算（5.5 節参照）と加算の繰り返しによって乗算を実現する．

図 5.9 の $10011_2 \times 10101_2$ をみると，積のビット数は被乗数のビット数や乗数のビット数より大きくなる．桁上げを考慮すれば，i ビットの被乗数と j ビットの乗数の積は $i+j$ ビットとなる．よって 32 ビットどうしの乗算結果を格納するためには 64 ビット必要である．

(2) **乗算回路と手順**

被乗数，乗数ともに 32 ビットの符号なし 2 進整数とする．そして被乗数は 64 ビット被乗数レジスタ（I レジとしよう）に，乗数は 32 ビット乗数レジスタ（J レジとしよう）に入っており，積が 64 ビット積レジスタ（P レジとしよう）に格納されるとする．この乗算を実行する回路の概念構成を図 5.10 に示す．

乗算手順は以下のようである．

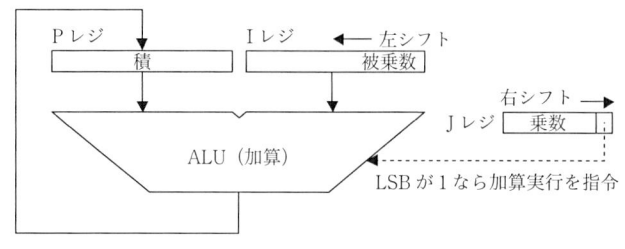

図 5.10 乗算回路の概念構成

【手順0】 被乗数は64ビット被乗数レジスタ(Iレジ)の右半分，すなわち下位32ビットに設定される．64ビット積レジスタ(Pレジ)は0に初期化される．

【手順1】 乗数レジスタ(Jレジ)のLSBが1ならばIレジの内容とPレジの内容を足し，結果をPレジに格納する．JレジのLSBが0ならば何もしない．

【手順2】 Iレジの内容を左に1ビットシフトする．これは筆算において②，③，④，⑤(図5.9)がそれぞれ左に1ビットシフトしていることに相当する．

【手順3】 Jレジの内容を右に1ビットシフトする．

【手順4】 【手順1】～【手順3】を32回繰り返したら終了．Pレジに結果が格納されている．

以上の乗算手順と乗算回路は最も基本的な方法であり，説明しやすく理解しやすいが効率はよくない．実際には各種の高速化，効率化技法が導入されている．

5.4 除 算

乗算は，加算とシフト演算を繰り返すことによって実現されていた．除算は乗算の逆だから，除算は減算とシフト演算を繰り返すことによって実現されるのではないかと直感できる．これについて説明していく．簡単のために符号なし2進整数除算を考え，加え戻し法あるいは引き戻し法(restoring method)と呼ばれる方法について解説する．

（1） 筆算による除算

除算の基本式は次のようである．

$$被除数＝除数×商＋剰余$$

符号なし2進整数の除算の筆算例を図5.11に示す．
ではこの筆算を順に見ていこう．

  1. 一番はじめ，商のMSBにとりあえず1を立てる．そして 101×1＝101

5.4 除算

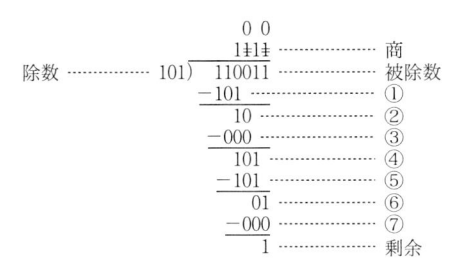

```
                    0 0
                   1̶ 1̶ 1̶ ............... 商
除数 ......... 101) 110011 ............ 被除数
                  −101 ................ ①
                    10 ................ ②
                  −000 ................ ③
                   101 ................ ④
                  −101 ................ ⑤
                    01 ................ ⑥
                  −000 ................ ⑦
                     1 ................ 剰余
```

図 5.11　除算の筆算例

だから，①のところに 101 を置き，減算を実行する．結果は 1 である．この値は負ではないので，商の MSB に 1 を立てたのは正解だった．

2．被除数の次の下位ビットの値 0 を降ろしてきて 10 とする（②）．そして商の次下位ビットにとりあえず 1 を立てる．10−101 を実行すると結果は負になってしまうから商に 1 を立てたのは失敗だった．よって，引いた 101 を足してもとの 10 に戻してやり，立てた 1 を 0 に変更する．商においてキとなっているのは，1 を立てたが除数 101 を引くと負となるので，101 を足し戻して，0 を立て直したということである．これが，この方法が引き戻し法とか加え戻し法とかいわれる理由である．0 を立てたのだから③にあるように 000 が置かれ，10−0 が実行される．このとき，③の 000 が①の 101 より 1 ビット右にシフトしていることに注目し，覚えておいてほしい（次の除算回路で関係してくる）．

3．被除数の次ビットの値 1 を降ろしてきて 101 とする（④）．そして商の次ビットにとりあえず 1 を立てる．101−101 を実行すると結果 0 は負ではないから商に 1 を立てたことは正解．ここでも⑤の 101 が③の 000 より 1 ビット右にシフトしている．

4．被除数の次ビットの値 1 を降ろしてきて 01 とする（⑥）．そして商の次ビットにとりあえず 1 を立てる．1−101 を実行すると結果は負になってしまうから商に 1 を立てたことは失敗．よって引いた 101 を足し戻してもとの 01 に戻してやり，立てた 1 を 0 にする．0 が立つので⑦は 000 となり，1−0 が実行される．ここでも⑦の 000 は，⑤の 101 より 1 ビット右シフトしている．被除数にはもう次ビットはないから除算はこれで終了．残った 1 が剰余となる．

（2）除算回路と手順

コンピュータ内部においても，筆算例と同じようにシフト演算と減算，場合に

よっては加算を繰り返して除算は実行される．被除数は 64 ビット被除数レジスタ（D1 レジとしよう）に，除数は 64 ビット除数レジスタ（D2 レジとしよう）に入っており，商は 32 ビット商レジスタ（Q レジとしよう）に格納されるとする．簡単のため被除数，除数は符号なし 2 進整数とする．

基本的な除算回路の概念構成を図 5.12 に，手順を以下に示す．

【手順 0】 最初，被除数（32 ビット）を被除数レジスタ（D1 レジ）の右半分に，除数（32 ビット）を除数レジスタ（D2 レジ）の左半分に，それぞれ入れておく．商レジスタ（Q レジ）に 0 を設定する．

【手順 1】 D1 レジの内容から D2 レジの内容を引き，結果を D1 レジに格納する．

【手順 2】 D1 レジの内容が負かどうかを判定

　（手順 2.1） 負なら，引いた除数を足してもとに戻し（被除数（剰余）をもとに戻す），Q レジの内容を 1 ビット左シフトし LSB に 0 を設定する（商に 0 を立てることに相当）．

　（手順 2.2） 非負なら Q レジの内容を 1 ビット左シフトし LSB に 1 を設定する（商に 1 を立てることに相当）．

【手順 3】 D2 レジの内容を 1 ビット右シフトする．これは筆算の③，⑤，⑦（図 5.11）の 1 ビット右シフトに対応している．

【手順 4】 【手順 1】〜【手順 3】を 33 回繰り返して終了する．

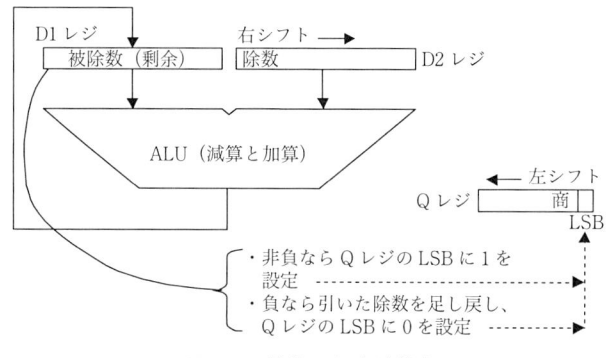

上記の演算終了時，剰余（32 ビット）が D1 レジの右半分に，商（32 ビット）が Q レジに格納されている．D1 レジには最初，被除数が設定されるが，その後は剰余が入る．よってこの手順では D1 レジは被除数レジスタかつ剰余レジスタで

図 5.12 除算回路の概念構成

ある.

除算は乗算の裏返しであると考えることもできるが，商に1を立てるか0を立てるかを考えねばならないところが乗算との大きな違いである．ここで説明した除算の実現法は最も基本的な方法であり，説明しやすく理解しやすいが，効率はよくない．実際には，商に1を立てるか0を立てるかの部分の効率化をはじめとし各種の高速化，効率化技法が導入されている．

（3） 剰余の符号

符号付き数の除算の場合，剰余の符号をどうするかという問題がある．例として10進数除算

$$(-5) \div (+3)$$

を考えてみよう．解は2通り考えられる．

(解1)　$(-5) \div (+3) = -1$　剰余-2
(解2)　$(-5) \div (+3) = -2$　剰余$+1$

被除数と剰余の符号は同じという規則を適用した場合が(解1)であり，これを「商をゼロ方向に丸める」という．このルールでは，被除数，除数の符号が何であれ，以下のように，商の絶対値は同一になる．

$(+5) \div (+3) = 1$　　剰余 2
$(+5) \div (-3) = -1$　　剰余 2
$(-5) \div (+3) = -1$　　剰余-2
$(-5) \div (-3) = 1$　　剰余-2

通常この規則が適用される．

5.5 シフト演算

指定されたビット数だけレジスタの内容を，左あるいは右に移動（シフト）する演算である．コンピュータ内部においては，基本的には図5.13のように，レジ

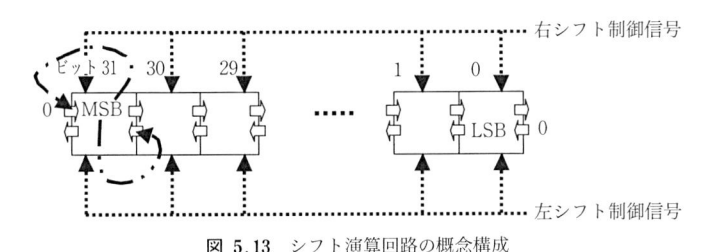

図 5.13　シフト演算回路の概念構成

スタの各ビットに制御信号(図の点線)を入力することにより,その内容を隣のビットに移動する.全ビットの内容はいっせいに(同期して)移動される.図 5.13 の方式では N 桁移動するのに N 回制御信号を入力する必要があるが,実際のシフト演算回路では高速化の技法が導入されている.通常シフト演算回路は ALU の外に置かれる.

算術シフトと論理シフトがあり,MSB の扱いが異なる.

(1) 右シフト

右シフトの場合,上位ビットの値が移動してくる.論理右シフトでは MSB には 0 が移動してくる.一方,算術右シフトでは,図 5.13 の 1 点鎖線のように MSB には MSB の内容(符号)が再度移動し,符号が保存される.

(2) 左シフト

左シフトの場合,下位ビットの値が移動してくる.LSB には 0 が移動してくる.論理左シフトでは MSB には下位のビット 30 からその内容が移動してくる.一方,算術左シフトでは MSB の内容,つまり符号が保存される(図 5.13 の 2 点鎖線).

シフトカウント(移動ビット数)の指定の方法として,即値でシフトカウントを指定する方法と,シフトカウントを格納したレジスタを指定する方法とがある.前者を定数シフト,後者を可変シフトと呼ぶ.

5.6 サブルーチン

CPU での機械語命令実行はこれまでの節で説明したような基本的な演算が主であり,それ以上の処理をするためには,ひとまとまりの機械語命令列,すなわち機械語プログラムを作成する必要がある.このような機械語プログラムを一つの独立なもの,いわば基本演算の拡張形とし,これを再利用可能とするサブルーチン方式が発明された.以下そのサブルーチン,それと関係の深いデータ格納法であるスタックについて説明する.

(1) サブルーチンとは

図 5.14 の左のようなプログラムがあったとしよう.このプログラムには部分プログラム S が 2 カ所に現れている.この部分プログラム S を独立のプログラムとし,図 5.14 の右のようにできれば,部分プログラム S を 2 回書く必要がなくなり,プログラムは読みやすくなる.また部分プログラム L がすでに開発済みの独立したプログラムとして存在するのであれば,頭を悩まして L を新たに

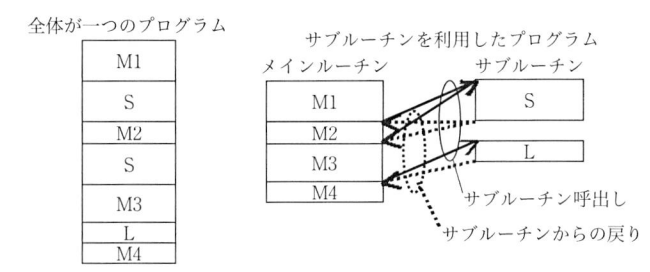

図 5.14 メインルーチンとサブルーチン

作成しないで，それを部分プログラムとして利用したほうが効率的である．このような部分プログラムをサブルーチンといい，サブルーチンを利用するプログラムをメインルーチン，主プログラム，メインプログラムなどという（図 5.14 中の M は main program の略である）．部分プログラム L のような既開発で登録済みのサブルーチンをライブラリ化されたサブルーチンという．

　メインルーチンにおいてサブルーチンを利用することを，サブルーチンを呼出すという．ノイマン型コンピュータであるから処理の流れは逐次的すなわち 1 本である．よってサブルーチンを呼出すことによって，処理の流れはメインルーチンからサブルーチンへと移行する（図 5.14 の実線矢印）．そしてサブルーチンでの処理が終了すると，処理の流れは再びメインルーチンへと戻る（図 5.14 の破線矢印）．

　アセンブリ言語プログラムにおいてサブルーチンを使用することにより，プログラムが理解しやすくなる．また，ある機能のプログラムを作成しようとしたときに，その機能を実現しているサブルーチンがすでにあれば，それを使用することによりプログラム開発時間を短縮し，コストを低減できる．これをソフトウェア（サブルーチン）の再利用によるソフトウェア（プログラム）開発の効率化といったりする．サブルーチンは第 1 章で述べたように EDSAC でもすでに実現されており，ノイマン型コンピュータの発祥とともに発想され使用され続けてきた．また他人に使われる可能性の高いサブルーチンを登録したサブルーチンライブラリも EDSAC の頃から存在した．サブルーチンを本にたとえるなら，ライブラリ化は本を図書館に登録して，格納しておくことである．サブルーチンのライブラリ化により，本を借りるようにメインルーチンからサブルーチンを呼出せる（借り出せる）ようになった．

　高級言語では，サブルーチンに対応するソフトウェアは関数とかライブラリと

呼ばれる．その効用は，アセンブリ言語におけるサブルーチンと同じで，プログラムの理解しやすさとプログラム開発の効率化であり，きわめて多種多数のライブラリが存在する．

サブルーチンを呼出す側と呼出される側の呼称はいくつかある．英語では呼出す側を caller（コーラー），呼出される側を callee（コーリー）という．本書ではサブルーチンを呼出す側を呼出し側と呼び，呼出されたサブルーチン側を被呼出し側ということにする．この区別が明確でないと混乱するので，この呼出し側，被呼出し側という区別を頭に入れておいてほしい．

（2） スタック

メインルーチンからサブルーチンを呼出し，サブルーチンに制御を移すとき（これをサブルーチンに飛ぶという）には，再びメインルーチンに戻るときとそれ以降のことを考えて，戻り先のアドレスやレジスタの内容を退避させておく必要がある．退避場所はメモリであり，退避法としてスタックというデータ格納法（データ構造）が使用される．以下，このスタック（stack）について説明する．

読者はスタックカップとかスタック可能な椅子という言葉を聞いたことがあると思う．スタック可能な椅子というのは積み重ね可能な椅子ということで，収納するとき便利な椅子である．スタックカップというのは積み重ね可能なカップであり，これも縦方向に積み重ねることができるので収納に便利である．stack という英単語のこの場合の意味は「積み重ね」である．

さて，スタックカップを例にとった場合，カップ収納の際には図 5.15 のようにカップを積み重ねることができる．このとき，積み重なったカップにさらにもう一つカップを追加するときは一番上に積み重ねるしかない．また，積み重なった複数のカップの中からカップを一つ取るときは一番上のカップ，すなわち最後に追加した一番上のカップを取り出すしかない．両手を使えば一番上以外に挿入することも，一番上のカップ以外も取ることもできるかもしれないが，ここでは

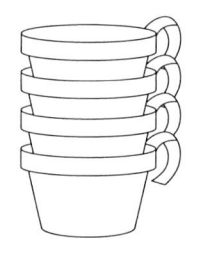

図 5.15 スタックされたカップ

5.6 サブルーチン

禁じ手である．

カップをデータとみなすと，コンピュータ技術の分野ではこのようなデータ格納法を後入れ先出し(last-in first-out)という．サブルーチン呼出し時の各種データの退避とサブルーチンから戻るときの各種データの復元に，このスタックというデータ格納法が使用される．

メモリ上に実現されるスタックを図 5.16 に示す(1 語 32 ビット．N は 4 の倍数)．スタックボトムに入っているデータはカップの比喩でいえば一番下のカップである．データをスタックに入れるときは一番上に積み重ねる．これを「スタックにデータをプッシュする」という．一方データをスタックの一番上から取り出すことを，「スタックからデータをポップする」という．

データのこのようなプッシュとポップを可能にするために，スタックの領域を伸ばしたり縮めたりする必要がある．スタックは通常，図 5.16 のように高アドレスから低アドレスに伸びていく[*5]．

スタックポインタはスタック領域の一番上を指している．サブルーチン呼出し時にデータを退避する場合，まずスタックポインタを伸ばして(低アドレス方向に進めて)領域を確保し，それからデータをプッシュする．そしてサブルーチンから戻るときは復元のためにデータをポップし，それが終わった後で，スタックポインタを縮めて(高アドレス方向に戻して)領域を開放する．

コンピュータによってはスタックポインタの伸び縮みが 1 語刻みでない場合があるので，スタックポインタに指されたスタック領域の一番上(スタックトップ)

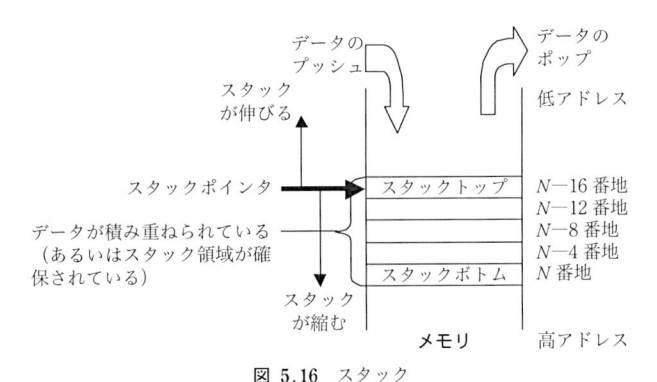

図 5.16 スタック

[*5] メモリを図にするときは，上のほうを高アドレス，下のほうを低アドレスにするが，スタックの説明を直感的にするために，逆に上のほうを低アドレスにした．コンピュータをよく知っている人には奇異にみえるかもしれない．

まででータが詰まっているとは限らない．たとえばスタックポインタの伸び縮みの刻みが2語の場合，退避するデータが3語分であってもスタックポインタは4語進ませる必要があり，この場合1語分は使用されないで空となる．

　データを呼出し側で退避するか，被呼出し側で退避するかという選択をはじめ，MIPS, SPARC のアセンブリ言語プログラムにおける具体的なサブルーチン呼出しに関しては，それぞれ第6章と付録Dに記載した．

6

MIPSアセンブリ言語と機械語

　MIPSアセンブリ言語と機械語について説明する．SPARCアセンブリ言語と機械語については付録Dに解説したので，SPARCを演習や実験に使用する読者は付録Dに飛び，その後第7章に進んでほしい．

　MIPSは米国MIPS Computer Systems社によって開発されたRISC型マイクロプロセッサである．その原型アーキテクチャは米国スタンフォード大学のヘネシー(John L. Hennessy)[1]らによって開発された．

6.1　アセンブリ言語構文

　アセンブリ言語の表現形式を構文という．アセンブリ言語構文は左から，ラベル，アセンブリ言語命令の順に並んでいる．以下それらについて説明する．
(1)　ラ　ベ　ル
　ラベルはデータや命令の存在する場所(アドレス)に付ける名前付き目印であり，行の先頭に置く．具体的には，英文字，アンダーバー(_)，ピリオド(.)，ドルマーク($)，および数字(0から9)から構成される文字列である．ただしニーモニックをラベルとして使用することはできない．ラベルの後にはコロン(:)を付ける．ラベルは，たとえば分岐先の命令やサブルーチンの先頭の命令に付けたりする．ラベルのない行は空白文字(スペースかタブ)で始まり，次にアセンブリ言語命令がくる．
(2)　アセンブリ言語命令
　アセンブリ言語命令には，機械語命令に対応した命令，アセンブラにより機械語命令列に翻訳される合成命令(synthetic instruction，擬似命令ともいう)，アセンブラに対する指令であるアセンブラ指令がある．

---

[1]　参考文献[Patterson]の著者の1人である．

命令オペレータとオペランドからなるアセンブリ言語命令をアセンブリコードあるいはニーモニックコード(mnemonic code，略してニーモニック)という．ニーモニックとは記憶を助けるといった意味である．人間にはとても記憶できない0と1の並びである機械語命令と比べ，多少は人間が記憶可能であるということである．命令オペレータ記号のみをニーモニックともいう．

a. 機械語命令に対応した命令と合成命令　機械語命令に対応した命令と合成命令は，命令オペレータと0個以上のオペランド(つまりオペランドのない命令もある)から構成される．命令オペレータは命令操作を表す1文字から数文字程度の英字で記号化(ニーモニック)される．たとえば減算操作ならsubといったように演算操作を想起させる英字列記号である．

減算には引かれるものと引くものといった演算対象があり，これらを指定しないと演算操作を実行できない．これら演算対象をオペランドという[*2]．オペランド形式には4.1節で説明したように大きく三つの形式がある．MIPSは多くの命令で三つのオペランド指定が可能な3オペランド形式であり，レジスタ-レジスタ型アーキテクチャ(ロードストアアーキテクチャ)である．

3オペランドの場合，二つのレジスタの間，あるいは一つのレジスタと一つの即値(定数値)との間で演算し，結果をレジスタに格納する．オペランドに即値を指定できるということは，いきなり定数値をオペランドに記述し，即，演算対象とすることが可能ということである．即値の上限，下限は命令に依存する．

MIPSでは演算操作の結果(たとえば減算の結果)を格納するデスティネーションオペランドがアセンブリ言語文の最初の(一番左端の)オペランド位置に置かれる[*3]．

オペランドには，即値(定数値)，レジスタ以外に，メモリ内のアドレスを指定できる．ただしアドレスを指定することができるのはメモリ命令(ロード命令とストア命令)だけであり，2オペランド形式である．

合成命令は，MIPSの機械語命令に直接対応してはいないが，アセンブリ言語構文で使用できる命令である．合成命令はアセンブラにより，一つのMIPS機械語命令，あるいは複数のMIPS機械語命令列に翻訳される．

b. アセンブラ指令　アセンブラ指令はピリオド(.)で始まる．アセンブラ指令は，アセンブラに対する情報の提供，指令であり，機械語命令(列)は生成されない．MIPSアセンブラ指令については付録BのMIPSシミュレータ:

[*2] オペランドそのものについては第4章で説明した．
[*3] SPARCはそれとは異なり一番右端のオペランド位置に置かれる．

SPIMのところで説明する．

（3）数　　値
数値はそのままでは10進数とみなされる．0xが付いている数値は16進数である．

（4）レジスタ
本書の説明に関連するレジスタについて説明する．

32個の汎用レジスタがあり0から31の番号が付けられている．オペランドに指定するときは\$を頭に付ける．たとえば作業用に一時使用するt1レジスタは，アセンブリ言語命令内オペランドでは\$t1のように表記する．基本的な汎用レジスタについて次に記す．

　　\$zero：　すべてのビットが0である．ゼロレジスタともいう（レジスタ番号0）．

　　\$at：　アセンブラが使用する（レジスタ番号1）．

　　\$v0, \$v1：　被呼出し側からの呼出し側への返値用である．被呼出し側の結果値が格納され，それが呼出し側へ返される．レジスタの内容は被呼出し側で保存しない（レジスタ番号2〜3）．

　　\$a0〜\$a3：　呼出し側から被呼出し側への引数渡し用である．呼出し側から被呼出し側へ渡される値が格納されている．レジスタの内容は被呼出し側で保存しない（レジスタ番号4〜7）．

　　\$t0〜\$t7, \$t8, \$t9：　作業用レジスタである．これら10個のレジスタの内容はサブルーチン呼出しの際に，被呼出し側で保存しない．つまり被呼出し側でこれらレジスタを使用しても使いっぱなしであり，もともと入っていたレジスタの内容は破壊されてしまう（レジスタ番号8〜15, 24, 25）．

　　\$s0〜\$s7：　作業用レジスタである．これら8個のレジスタの内容はサブルーチン呼出しの際に，被呼出し側で保存する．つまり被呼出し側でこれらレジスタを使用する場合は，まずレジスタの内容を退避し，呼出し側に戻るときは退避した内容をレジスタに復元してから戻る（レジスタ番号16〜23）．

　　\$sp：　スタックポインタである．内容は被呼出し側で保存する（レジスタ番号29）．

　　\$ra：　被呼出し側から呼出し側に戻るための戻りアドレスが格納される．内容は被呼出し側で保存する（レジスタ番号31）．

これら以外に乗算，除算に関係するHiレジスタとLoレジスタがある（乗算，除算の項を参照）．

(5) 注　釈

#で始まる．この#から行末までが注釈部分となる．注釈には，たとえばこの命令は何を意図しているのかといったことを記述しておく．つまり注釈は人間のためのメモであり，コンピュータへの指示ではない．

6.2　機械語命令の形式

アセンブリ言語命令のうち，機械語命令に対応した命令と合成命令はアセンブラにより一つあるいは複数の機械語命令に翻訳される．MIPS の1機械語命令は32 ビット (1 語) から構成される．では 1 命令の内部構造，つまり 32 ビットの中身はどうなっているのだろうか．この 32 ビットの中身，内部構造のことを命令形式 (あるいは命令フォーマット) という．

MIPS には大きく 3 種類の命令形式，R 形式 (R フォーマット)，I 形式 (I フォーマット)，J 形式 (J フォーマット) がある．これら 3 種類とも，1 命令 32 ビットでいくつかの部分に分割されている．この部分のことをフィールドという．オペコードフィールドをはじめビット幅と位置が同じフィールドが多い．1 命令 32 ビット固定長とあわせ，これらにより機械語命令解読などが効率化される．

(1) R 形　式

レジスタ (register) 形式であり，各フィールド名称を図 6.1 に示す．各フィールドの意味は次の通りである．

　　op フィールド (6 ビット)：　オペコードが設定される[*4]．
　　rs フィールド (5 ビット)：　第 1 ソースオペランドレジスタ指定．
　　rt フィールド (5 ビット)：　第 2 ソースオペランドレジスタ指定．
　　rd フィールド (5 ビット)：　デスティネーションオペランドレジスタ指定．
　　shamt フィールド (5 ビット)：　shamt は shift amount の略であり，シフト命令においてシフトカウント (移動ビット数) の指定に使用する．シフト命令以外では 00000 が入る．

31	26 25	21 20	16 15	11 10	6 5	0
op	rs	rt	rd	shamt	funct	

図 6.1　R 形式

[*4] オペコード (opcode) とは，オペレーションコードあるいはオペレータコードの略であり，命令オペレータをコード化 (0 と 1 の並び) したものである．操作コードともいわれる．

functフィールド (6ビット)： 主に3オペランドレジスタ命令（算術演算, 論理演算）で使用され，命令の機能種別（たとえば加算とか減算）を表す．functはfunction（機能）の略である．

rsフィールド，rtフィールド，rdフィールドには各オペランドに指定されたレジスタのレジスタ番号が設定される．この命令形式にはアドレスを指示するフィールドがない．MIPSでは，メモリからのデータ転送あるいはメモリへのデータ転送はI形式のメモリ命令（ロード命令とストア命令）のみが可能である．R形式はメモリにアクセスすることができない命令の形式である．

（2） I 形 式

即値（immediate）形式である．メモリにアクセスするロード命令とストア命令はこの形式であり，アドレスを指示するフィールドが存在する．これ以外に，オペランドの片方が即値指定の演算，分岐命令がこの形式である．各フィールドの意味は次の通りである（図6.2参照）．

opフィールド（6ビット）： オペコードが設定される．
rsフィールド（5ビット）： ソースオペランドレジスタ指定．
rtフィールド（5ビット）： I形式におけるrtは，転送データを格納する，あるいは即値との演算結果を格納するので，デスティネーションオペランドレジスタである．
immediateフィールド（16ビット）： 分岐変位，アドレス変位が入る．

rsフィールド，rtフィールドには各オペランドに指定されたレジスタのレジスタ番号が設定される．

（3） J 形 式

主にジャンプ（jump）命令の形式である．各フィールドの意味は次の通りである（図6.3参照）．

opフィールド（6ビット）： オペコードが設定される．
targetフィールド（26ビット）： 飛び先アドレス情報が入る．

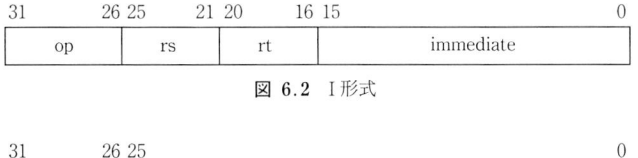

```
31      26 25     21 20    16 15                       0
+---------+---------+---------+------------------------+
|   op    |   rs    |   rt    |       immediate        |
+---------+---------+---------+------------------------+
```
図 6.2 I形式

```
31      26 25                                          0
+---------+--------------------------------------------+
|   op    |                  target                    |
+---------+--------------------------------------------+
```
図 6.3 J形式

6.3 命令詳細

MIPS I アーキテクチャといわれる 32 ビットマイクロプロセッサ，たとえば R2000 の基本的な命令，具体的には算術（加算，減算，乗算，除算），論理，データ転送（ロード，ストアなど），制御（分岐，ジャンプ，サブルーチン呼出し，サブルーチンからの戻り）などの機械語命令とアセンブリ言語命令について説明する．なお MIPS のコプロセッサ，浮動小数点数演算命令，より詳細な機械語命令に関しては [Heinrich]，[Farquhar]，[Sweetman] を参照してほしい．

MIPS アセンブリ言語命令の多くでは，第 2 ソースオペランド（第 3 オペランド）に即値を指定することを許している．第 2 ソースオペランドに即値を指定したとき，対応する機械語命令に翻訳される場合と，アセンブラにより適切な機械語命令列に翻訳される場合がある．減算命令のところで説明する．

6.3.1 算術命令
(1) 加算命令

加算すなわち足し算の命令形式には 2 種類ある．第 3 オペランドが即値の場合（I 形式）とレジスタの場合（R 形式）である．

■ 構文　`addi rt,rs,即値`

I 形式で op[*5] は 001000．第 3 オペランドの即値が immediate フィールドに設定される．レジスタ rs の内容と即値（加算の前に即値は符号拡張する）を加算し，結果をレジスタ rt に格納する．演算結果が 32 ビットに収まりきらないときのオーバーフロー処理あり．

■ 構文　`addiu rt,rs,即値`

I 形式で op は 001001．レジスタ rs の内容と即値（加算の前に即値は符号拡張する）を加算し，結果をレジスタ rt に格納する．オーバーフロー処理なし．

■ 構文　`add rd,rs,rt`

R 形式で，op は 000000，funct は 100000 である．レジスタ rs の内容とレジスタ rt の内容を加算し，結果をレジスタ rd に格納する．演算結果が 32 ビットに収まりきらないときのオーバーフロー処理あり．

■ 構文　`addu rd,rs,rt`

[*5] op フィールドのこと．本文中では以降「フィールド」を適宜省略する．

R形式で，opは000000，functは100001である．レジスタrsの内容とレジスタrtの内容を加算し，結果をレジスタrdに格納する．オーバーフロー処理なし．

このような構文で示されたアセンブリ言語命令はアセンブラによって，どのような機械語命令，すなわち0と1のビット列に翻訳されるのだろうか．これについては付録B.5節を参照してほしい．

（2）減算命令

3.4節，5.2節で説明したように，コンピュータ内部では，減算は負数の加算として実行される．$A-B$を実行するには，図5.8の加算器において，補数用制御信号線の入力値を1にすることにより，Bの各ビットを反転し，最下位ビットの加算器のキャリーインを1に(1を加算)すればよい．2の補数の利点である．

■ 構文　sub rd,rs,rt

R形式で，opは000000，functは100010である．レジスタrsの内容からレジスタrtの内容を引き，結果をレジスタrdに格納する．オーバーフロー処理あり．

■ 構文　subu rd,rs,rt

R形式で，opは000000，functは100011である．レジスタrsの内容からレジスタrtの内容を引き，結果をレジスタrdに格納する．オーバーフロー処理なし．

アセンブリ言語命令subとsubuは第3オペランドに即値を指定できる．しかし機械語命令の方は上述のR形式のsubとsubuしかなく，これらには即値のためのフィールドはない．ではなぜ指定できるかというと，アセンブラが適切な機械語命令列に翻訳してくれるからである．たとえば，アセンブリ言語命令

```
sub $t1,$t0,4
```

は，アセンブラにより機械語命令

```
addi $t1,$t0,-4
```

に翻訳される．このように対応する機械語命令がなく，アセンブラにより一つあるいは複数の機械語命令に翻訳されるアセンブリ言語命令が合成命令である．よって合成命令にはR，I，Jといった命令形式はない．算術演算，論理演算など，多くのMIPSアセンブリ言語命令には，第2ソースオペランド(第3オペランド)に即値を指定することが可能な合成命令がある．

（3）乗算命令

2種類の機械語乗算命令がある．桁上げを考慮すれば，iビットの被乗数とj

ビットの乗数の積は $i+j$ ビットとなるから，32 ビットどうしの乗算結果を格納するには 64 ビット必要である．そのために MIPS では Hi レジスタ（32 ビット）と Lo レジスタ（32 ビット）という二つのレジスタがある．

■ 構文　mult rs,rt　　＃multiply（乗算）の略

R 形式であり，op は 000000，rd は 00000，funct は 011000，レジスタ rs の内容とレジスタ rt の内容を掛け，結果（積）の 64 ビットのうち上位 32 ビットを Hi レジスタに，下位 32 ビットを Lo レジスタに格納する．レジスタ rs, rt の内容は符号付き 32 ビット値として扱われ，積は符号付きである．オーバーフロー処理なし．

■ 構文　multu rs,rt　　＃u は unsigned（符号なし）の略

R 形式であり，op は 000000，rd は 00000，funct は 011001，レジスタ rs の内容とレジスタ rt の内容を掛け，結果（積）の 64 ビットの内上位 32 ビットを Hi レジスタに，下位 32 ビットを Lo レジスタに格納する．レジスタ rs, rt の内容は符号なし 32 ビット値として扱われ，積は符号なしである．オーバーフロー処理なし．

積が 32 ビットを超えている（オーバーフロー）かどうかについてはアセンブリ言語プログラムの方で対処する必要がある．mult 命令の場合，積が 32 ビットを超えていない（オーバーフローしていない）ならば Hi レジスタと Lo レジスタの符号は同じである．multu 命令の場合，積が 32 ビットを超えていない（オーバーフローしていない）ならば Hi レジスタの内容は 0 でなければならない．

Hi レジスタの内容（オーバーフローチェック）や Lo レジスタの内容（積）を別のレジスタに格納するためには二つの命令，mfhi 命令と mflo 命令を用いる（6.3.4 項 (3) 参照）[6]．なお乗算命令と mfhi 命令，mflo 命令との間はストール（第 7 章参照）を避けるために決められたサイクル数だけ空ける必要がある．

3 オペランドの乗算合成命令もある．これらを付録 C.1 節に示した．

（4）除 算 命 令

2 種類の機械語除算命令がある．除数が 0 かどうか，商が 32 ビットを超えるかどうかのチェックは，mfhi 命令，mflo 命令などを使用しアセンブリ言語プログラムにおいて対処する必要がある．除算命令と mfhi 命令，mflo 命令との間はストール（第 7 章参照）を避けるために決められたサイクル数だけ空ける必要がある．商はゼロ方向に丸められる（5.4 節 (3) 参照）．

---

[6] たとえば mfhi 命令により Hi レジスタの内容を別のレジスタに転送し，オーバーフローのチェックをする．

■構文　div rs,rt　　＃divide(除算)の略

R形式であり，opは000000，rdは00000，functは011010，レジスタrsの内容をレジスタrtの内容で割る．レジスタrs,rtの内容は符号付き32ビット値として扱われる．Loレジスタに商，Hiレジスタに剰余を格納する．オーバーフロー処理なし．0による除算の考慮なし．

■構文　divu rs,rt　　＃uはunsignedの略

R形式であり，opは000000，rdは00000，functは011011，レジスタrsの内容をレジスタrtの内容で割る．レジスタrs,rtの内容は符号なし32ビット値として扱われる．Loレジスタに商，Hiレジスタに剰余を格納する．0による除算の考慮なし．

3オペランドの除算合成命令もある．これらを付録C.2節に示した．

6.3.2　論理命令

論理命令を理解する上で必要な論理演算については5.1節で説明したので必要に応じて参照してほしい．

(1) 論理和命令

■構文　ori rt,rs,即値

I形式であり，opは001101，レジスタrsの内容と即値(ゼロ拡張[*7]した即値)との論理和をレジスタrtに格納する．

■構文　or rd,rs,rt

R形式であり，opは000000，functは100101，レジスタrsの内容とレジスタrtの内容との論理和をレジスタrdに格納する．

(2) 論理積命令

■構文　andi rt,rs,即値

I形式であり，opは001100，レジスタrsの内容と即値(ゼロ拡張した即値)との論理積をレジスタrtに格納する．

■構文　and rd,rs,rt

R形式であり，opは000000，functは100100，レジスタrsの内容とレジスタrtの内容との論理積をレジスタrdに格納する．

(3) 否定論理和命令

■構文　nor rd,rs,rt

[*7]　ビット31から16にゼロを入れる．

R形式であり，opは000000，functは100111，レジスタrsの内容とレジスタrtの内容との否定論理和[*8]をレジスタrdに格納する．

（4） 排他的論理和命令

■構文　xori rt,rs,即値

I形式であり，opは001110，レジスタrsの内容と即値(ゼロ拡張した即値)との排他的論理和をレジスタrtに格納する．

■構文　xor rd,rs,rt

R形式であり，opは000000，functは100110，レジスタrsの内容とレジスタrtの内容との排他的論理和をレジスタrdに格納する．

（5） 論理否定命令

■構文　not rd,rs

合成命令である．レジスタrsのビットごとの論理否定(1を0に，0を1に)をレジスタrdに格納する．nor rd,rs,$zeroに翻訳される．

6.3.3 シフト命令

MIPSには3種類のシフト命令があり，それぞれに定数シフト，可変シフトが可能である．シフト命令を理解する上で必要なシフト演算については5.5節で説明したので必要に応じて参照してほしい．

（1） 論理左シフト命令

■構文　sll rd,rt,即値　　# shift left logical の略

R形式であり，opは000000，functは000000，第3オペランドの即値がshamtフィールドに設定され，rsフィールドは使用されないので00000が入る．この命令は，レジスタrtの内容を即値で指定したビット数(シフトカウント)だけ左に移動させた結果をレジスタrdに格納する．shamtフィールドは5ビットだから最大シフトカウントは31である．空になった右側(LSB側)のビットには0が入る．

■構文　sllv rd,rt,rs　　# vは variable(可変)の略

R形式であり，opは000000，functは000100，可変シフトだからshamtフィールドは使用しないので00000が入る．この命令は，レジスタrtの内容をレジスタrsの内容で指定したビット数(シフトカウント)だけ左に移動させた結果をレジスタrdに格納する．空になった右側(LSB側)のビットには0が入る．意味

[*8]　$\overline{rs+rt} = \overline{rs} \cdot \overline{rt}$.

のある最大シフトカウントは31だから，レジスタrsの下位(LSB側)5ビットをシフトカウントとみなす．シフトカウントをプログラムの実行状況に依存して変化させたいときにこの可変シフトを用いる．

　論理左シフト命令を用いて2のべき乗が計算できる．第2オペランドのレジスタrtに整数が入っているとき，たとえば，左に1ビットシフトは2倍，2ビットシフトは4倍，3ビットシフトは8倍，nビットシフト[*9]は2^n倍の値が第1オペランドのレジスタrdに格納される．

（2）　論理右シフト命令

■構文　srl rd,rt,即値　　# shift right logical の略

R形式であり，opは000000，functは000010，第3オペランドの即値がshamtフィールドに設定され，rsフィールドは使用されないので00000が入る．この命令は，レジスタrtの内容を即値で指定したビット数(シフトカウント)だけ右に移動させた結果をレジスタrdに格納する．空になった左側(MSB側)のビットには0が入る．shamtフィールドは5ビットだから最大シフトカウントは31である．

■構文　srlv rd,rt,rs　　# vは variable(可変) の略

R形式であり，opは000000，functは000110，可変シフトだからshamtフィールドは使用しないので00000が入る．この命令は，レジスタrtの内容をレジスタrsの内容で指定したビット数(シフトカウント)だけ右に移動させた結果をレジスタrdに格納する．空になった左側(MSB側)のビットには0が入る．意味のある最大シフトカウントは31だから，レジスタrsの下位(LSB側)5ビットをシフトカウントとみなす．シフトカウントをプログラムの実行状況に依存して変化させたいときに，この可変シフトを用いる．

　論理右シフト命令を用いて2のべき乗による除算が可能である．第2オペランドのレジスタrtに2^mの倍数の正整数が入っているときは，右に1ビットシフトは1/2，2ビットシフトは1/4，3ビットシフトは1/8，nビットシフトは$1/2^n$の値が第1オペランドのレジスタrdに格納される($n \leq m$に注意)．

（3）　算術右シフト命令

■構文　sra rd,rt,即値　　# shift right arithmetic の略

R形式であり，opは000000，functは000011，第3オペランドの即値がshamtフィールドに設定され，rsフィールドは使用されないので00000が入る．

[*9]　シフト(移動)させすぎによるオーバーフローに注意すること．

この命令は，レジスタ rt の内容を即値で指定したビット数(シフトカウント)だけ右に移動させた結果をレジスタ rd に格納する．空になった左側(MSB 側)のビットにはレジスタ rt の MSB 値(符号ビット)が入る．shamt フィールドは 5 ビットだから最大シフトカウントは 31 である．

■ 構文　srav rd,rt,rs　　# v は variable(可変)の略

R 形式であり，op は 000000，funct は 000111，可変シフトだから shamt フィールドは使用しないので 00000 が入る．この命令は，レジスタ rt の内容をレジスタ rs の内容で指定したビット数(シフトカウント)だけ右に移動させた結果をレジスタ rd に格納する．空になった左側(MSB 側)のビットにはレジスタ rt の MSB 値(符号ビット)が入る．

シフト後もレジスタ rt の符号ビットが保存されるので算術シフト命令と呼ばれる．

6.3.4　データ転送命令
(1)　メモリ命令

レジスタの容量(レジスタ数といってもいい)はメモリの容量に比べればはるかに少ない．本書で説明に使用している MIPS，SPARC では基本的にはレジスタの数は 32 個程度である．そのためほとんどすべてのデータは，レジスタ内にではなくメモリ内にある．そこでメモリ内のデータをレジスタにもってきたり，レジスタの内容をメモリ内にもっていったりする命令が必要になる．これらメモリにアクセスする命令のことをメモリ命令という．メモリ内のデータをレジスタに転送・格納する命令をロード命令，その逆に，レジスタの内容をメモリ内へ転送・格納する命令をストア命令という．

MIPS，SPARC のようなロードストアアーキテクチャでは，メモリ命令はロード命令とストア命令のみである．これら以外の命令は，演算の際にメモリから直接データをもってきて演算を施したり，演算の結果を直接メモリに格納したりすることはできない．

a．ロード命令
■ 構文　lX rt,即値(rs)
■ 構文　lX rt,即値

I 形式である．メモリ内の指定されたアドレスにあるデータをレジスタにロードする．

第 1 オペランド rt にはロード先レジスタ(デスティネーションレジスタ)を指

定する．第2オペランドにはロード対象が存在するアドレスを指定する．この指定方法をアドレス指定と言い，4.3節で説明した．ロード命令の第2オペランドのアドレス形式については次のb.で説明する．

lXのXの意味は，たとえばニーモニックがlbuの場合はXの部分がbuとなる(表6.1のニーモニック参照)．

ニーモニック，対応するopフィールド，演算内容を表6.1に示す．

これら以外に次のようなロード命令がある．
- 構文　ld rt,即値(rs)　　# load doublewordの略
- 構文　ld rt,即値

合成命令である[*10]．指定されたアドレスからの倍長語(8バイト)をレジスタrtとrt+1[*11]にロードする．
- 構文　la rt,即値(rs)　　# load addressの略
- 構文　la rt,即値
- 構文　la rt,label

合成命令である．実効アドレスそのものをレジスタrtにロードする．

以上のロード命令のrsフィールドとimmediateフィールドは第2オペランドの形式(即値(rs)か即値)に関係する．これについては次のb.で説明する．アドレス指定に関しては適宜4.3節を参照してほしい．

ロード命令の操作手順は，

表 6.1 ロード命令

ニーモニック	op	演算内容
lb	100000	指定されたアドレスにある1バイトを符号付きバイトとして符号拡張し，レジスタrtにロードする．load byteの略．
lh	100001	指定されたアドレスからの半語(2バイト)を符号付き半語として符号拡張し，レジスタrtにロードする．load halfwordの略．
lbu	100100	指定されたアドレスにある1バイトを符号なしバイトとしてレジスタrtにロードする．load byte unsignedの略．
lhu	100101	指定されたアドレスからの半語(2バイト)を符号なし半語としてレジスタrtにロードする．load halfword unsignedの略．
lw	100011	指定されたアドレスからの1語(4バイト)をレジスタrtにロードする．load wordの略．

[*10] MIPS IIIアーキテクチャと呼ばれる64ビット版MPU，たとえばR4000では機械語命令化されている．

[*11] レジスタrtのレジスタ番号の次の番号のレジスタ．

【手順1】 一つのレジスタ(rs フィールドで指定)と符号付き 16 ビットの即値(immediate フィールドで指定)、あるいは符号付き 16 ビットの即値(immediate フィールドで指定)のみ、によりアドレス(実効アドレス)が求まる．

【手順2】 【手順1】で求まったアドレスにあるデータを，rt フィールドで指定されたレジスタにロードする．符号付きバイト，符号付き半語の場合は，符号拡張して1語とする(符号拡張については 3.4.4 項参照)．

ロード命令はたとえば lw $t0,16($s1) という表記となる．この場合，レジスタ$s1 のレジスタ番号 17 が rs フィールドに，レジスタ$t0 のレジスタ番号 8 が rt フィールドに，16 が immediate フィールドに入る．

b．ロード命令とストア命令のアドレス指定

(ⅰ) 第2オペランドが即値(rs)の場合

これはベースレジスタ修飾(ベースレジスタ相対アドレス指定)である．rs の部分にはレジスタを指定する．アドレスの計算方法は，

$$\text{レジスタ rs の内容} + \text{即値}$$

である．レジスタ rs の内容を基準(ベース)とし，その基準から相対的に即値の分だけ離れているアドレスが指定される．レジスタ rs がベースとなるレジスタの役目を果たしているのでベースレジスタ修飾である．immediate フィールドは 16 ビットであるから，即値の範囲は，-2^{15} から $+2^{15}-1$，すなわち，-32768 バイトから $+32767$ バイトの範囲である．

(ⅱ) 第2オペランドが即値の場合

即値そのものが指定されたアドレスである．immediate フィールドは 16 ビットであるから，即値の範囲は，-2^{15} から $+2^{15}-1$，すなわち，-32768 バイトから $+32767$ バイトの範囲である．

c．ストア命令

■ 構文　sX　rt,即値(rs)
■ 構文　sX　rt,即値

I 形式である．指定したレジスタの内容を，メモリ内の指定されたアドレスへストアする．

第1オペランド rt には転送元レジスタ(ソースレジスタ)を指定する．第2オペランドにはストア先アドレスを指定する．sX の X の部分は，たとえば，ニーモニックが sw の場合は w となる．ニーモニック，対応する op フィールド，演算内容を表 6.2 に示す．

これら以外に次のようなストア命令がある．

表 6.2 ストア命令

ニーモニック	op	演算内容
sb	101000	レジスタ rt の最下位(LSB側)の1バイトを指定されたアドレスにストアする．store byte の略．
sh	101001	レジスタ rt の下位(LSB側)の半語(2バイト)を指定されたアドレスにストアする．store halfword の略．
sw	101011	レジスタ rt 内の1語(4バイト)を指定されたアドレスにストアする．store word の略．

- 構文　sd　rt,即値(rs)　　# store doubleword の略
- 構文　sd　rt,即値

合成命令である[*12]．レジスタ rt の内容と rt+1[*13] の内容とを合わせた2語(8バイト)を，指定されたアドレスからの2語にストアする．

以上のストア命令の rs フィールドと immediate フィールドは第2オペランドの形式(即値(rs)か即値)に関係する．これについては前の b. で説明した．

ストア命令の操作手順は，

【手順1】　一つのレジスタ(rs フィールドで指定)と符号付き16ビットの即値(immediate フィールドで指定)，あるいは符号付き16ビットの即値(immediate フィールドで指定)のみ，によりアドレス(実効アドレス)が求まる．

【手順2】　rt フィールドで指定されたレジスタの内容（最下位バイトあるいは下位半語あるいは語）を，【手順1】により求めたアドレスで指定されるバイトあるいは半語あるいは語にストアする．

ストア命令はたとえば sw $t0,16($s1) という表記となる．この場合，レジスタ$s1のレジスタ番号17が rs フィールドに，レジスタ$t0のレジスタ番号8が rt フィールドに，16が immediate フィールドに入る．

（2）　定数設定命令

- 構文　lui　rt,即値　　# load upper immediate の略

I形式であり，opは001111．即値(16ビットの immediate フィールドに入る)を，レジスタ rt の上位(MSB側)16ビットにロードする．レジスタ rt の下位(LSB側)16ビットには0が入る．

- 構文　li　rt,即値　　# load immediate の略

[*12] MIPS IIIアーキテクチャと呼ばれる64ビット版MPU，たとえばR4000では機械語命令化されている．

[*13] レジスタ rt のレジスタ番号の次の番号のレジスタ．

合成命令である．即値をレジスタ rt にロードする．アセンブラにより，たとえば addiu rt,$zero,即値に翻訳される．$zero はレジスタ番号 0 のゼロレジスタ(すべてのビットが 0)である．

（3） レジスタ間データ転送命令

■ 構文　move rd,rs

合成命令である．レジスタ rs の内容をレジスタ rd に転送する．アセンブラにより，たとえば add rd,rs,$zero に翻訳される．

■ 構文　mfhi rd　　# move from Hi の略

R 形式であり，op=000000, rs=00000, rt=00000, funct=010000．Hi レジスタの内容をレジスタ rd に転送する．Hi レジスタを使用する乗除算命令との間を離す必要がある．

■ 構文　mflo rd　　# move from Lo の略

R 形式であり，op=000000, rs=00000, rt=00000, funct=010010．Lo レジスタの内容をレジスタ rd に転送する．Lo レジスタを使用する乗除算命令との間を離す必要がある．

■ 構文　mthi rs　　# move to Hi の略

R 形式であり，op=000000, rt=00000, rd=00000, funct=010001．レジスタ rs の内容を Hi レジスタに転送する．

■ 構文　mtlo rs　　# move to Lo の略

R 形式であり，op=000000, rt=00000, rd=00000, funct=010011．レジスタ rs の内容を Lo レジスタに転送する．

6.3.5　比　較　命　令

二つのレジスタどうしの内容を比較する命令，一つのレジスタの内容と即値とを比較する命令があり，次項の分岐命令と組み合わせて，各種の条件分岐を実現することができる．

■ 構文　slt rd,rs,rt　　# set on less than の略

R 形式であり，op は 000000, funct は 101010．レジスタ rs の内容がレジスタ rt の内容より小さいならばレジスタ rd に 1 を設定し，そうでなければ 0 を設定する．レジスタ rs とレジスタ rt の内容は符号付き 32 ビット値とみなされる．

■ 構文　sltu rd,rs,rt　　# u は unsigned(符号なし)の略

R 形式であり，op は 000000, funct は 101011．レジスタ rs の内容がレジスタ rt の内容より小さいならばレジスタ rd に 1 を設定し，そうでなければ 0 を設定

する．レジスタ rs とレジスタ rt の内容は符号なし 32 ビット値とみなされる．
　■ 構文　slti rt,rs,即値　　# i は immediate (即値) の略

　I 形式であり，op は 001010，即値は immediate フィールドに入る．レジスタ rs の内容が即値より小さいならばレジスタ rt に 1 を設定し，そうでなければ 0 を設定する．即値は符号付き 16 ビット値で，比較に先立ち符号拡張され，レジスタ rs の内容は符号付き 32 ビット値とみなされる．
　■ 構文　sltiu rt,rs,即値　　# iu は immediate unsigned の略

　I 形式であり，op は 001011，即値は immediate フィールドに入る．レジスタ rs の内容が即値より小さいならばレジスタ rt に 1 を設定し，そうでなければ 0 を設定する．即値は符号なし 16 ビット値で，比較に先立ちゼロ拡張され，レジスタ rs の内容は符号なし 32 ビット値とみなされる．

　以上の 4 種類の比較命令を基本とし，等しい，異なる，以上，より大きい，より小さい，以下などを実現できる．それらを実現する比較合成命令については付録 C.3 節に示した．

6.3.6　分　岐　命　令

　プログラムカウンタ (PC) は次に実行される命令が存在するメモリ内のアドレスを指している．命令が前の命令からその後ろの命令へと処理されているときには，PC の値は 4 刻みに増加していく．なぜ 4 刻みかは 4.4.2 項を参照してほしい．プログラムを作成するとき，条件が満たされるかどうかによってその後に実行したい処理を変化させたい場合は多々ある．このような，条件によって実行の流れを変化させたいときに使用するのが分岐命令である．その名のとおり，分岐命令は条件によって逐次処理の流れを制御し，分岐させる命令である．分岐命令は EDSAC にも存在した．分岐命令は次の命令ではなく離れた命令へと飛んでいくので，飛び物命令などと呼ばれることもある．

　分岐命令と次節のジャンプ命令を制御転送命令あるいは制御命令という．分岐命令には，条件が満たされるかどうかによって分岐する，分岐しないが決まる条件分岐命令と，無条件に分岐する無条件分岐命令がある．分岐命令の直後の 1 命令は遅延スロット (第 7 章参照) となる．

（1）　条件分岐命令
　■ 構文　beq rs,rt,label　　# branch on equal の略

　I 形式で，op は 000100．レジスタ rs の内容とレジスタ rt の内容が等しければ (条件成立)，label というラベルが付いたアセンブリ言語命令に飛ぶ，すなわち

制御の流れを label で指示される命令へと分岐させる．immediate フィールドには飛び先命令までの命令数(PC 相対の語変位)が入る[*14]．immediate フィールドは符号付き 16 ビット値だから-2^{15}から$+2^{15}-1$の値となる．マイナス値のときは前方に，プラス値のときは後方に飛ぶ．その値，すなわち PC 相対の語変位はアセンブラが計算してくれる．なお beq 命令はアセンブラにより，たとえば

```
beq rs,rt,label
nop
```

のように翻訳される[*15]．この nop 命令は遅延スロット内(第 7 章参照)の命令であり，条件成立，不成立にかかわらず実行される．レジスタ rs の内容とレジスタ rt の内容が異なる場合(条件不成立時)は次命令が実行される．

■ 構文　bne rs,rt,label　　# branch on not equal の略

I 形式で，op は 000101．レジスタ rs の内容とレジスタ rt の内容が異なれば，label というラベルが付いたアセンブリ言語命令に飛ぶ．レジスタ rs の内容とレジスタ rt の内容が等しい場合は次命令が実行される．

次に，レジスタの内容(値)とゼロとを比較し，その結果に依存する分岐命令 6 種について説明する．

■ 構文　bX rs,label　　# X の部分がニーモニックごとに異なる

I 形式であり，label は飛び先のアセンブリ言語命令に付けられたラベルである．

6 種類の命令の各ニーモニック，対応する op, rt フィールド，比較演算内容を表 6.3 に示す．rs フィールドには，第 1 オペランドであるレジスタ rs のレジスタ番号が入る．immediate フィールドには飛び先命令までの命令数(PC 相対の語変位)が入るが，この計算はアセンブラが行う．レジスタ rs の内容は符号付き 32 ビット値である．

分岐に関しては，これら分岐命令と 6.3.5 項にて説明した比較命令との組み合わせに翻訳される便利な分岐合成命令がある．これらを付録 C.4 節に示した．

(2)　**無条件分岐命令**

■ 構文　b label　　# branch の略

合成命令であり，無条件に label に飛ぶ．アセンブラにより，たとえば

[*14] 実際の飛び先アドレスは，語変位を 4 倍した値(バイト変位)と PC の値を加算した結果(語アドレス)である．

[*15] アセンブラによる遅延スロットへの命令挿入や命令再整理を中止させるアセンブラ指令もある．また学校の演習等の環境によっては自分で nop 命令を挿入する必要がある．

表 6.3 レジスタ値とゼロとを比較する分岐命令

ニーモニック	op	rt	比較演算内容
bgez	000001	0	レジスタ rs の内容が 0 以上ならば label に飛ぶ[*1]．branch on greater than or equal to zero の略．
bgtz	000111	0	レジスタ rs の内容が 0 より大きいならば label に飛ぶ[*1]．branch on greater than zero の略．
blez	000110	0	レジスタ rs の内容が 0 以下ならば label に飛ぶ[*1]．branch on less than or equal to zero の略．
bltz	000001	0	レジスタ rs の内容が 0 より小さいならば label に飛ぶ[*1]．branch on less than zero の略．
bgezal	000001	10001	レジスタ rs の内容が 0 以上ならば，次命令[*2]のアドレスをレジスタ番号 31($ra) に退避してから，label に飛ぶ[*1]．branch on greater than or equal to zero and link の略．
bltzal	000001	10000	レジスタ rs の内容が 0 より小さいならば，次命令[*2]のアドレスをレジスタ番号 31($ra) に退避してから label に飛ぶ[*1]．branch on less than zero and link の略．

[*1]：正確には，label というラベルが付いたアセンブリ言語命令に飛ぶ，である．
[*2]：正確には遅延スロットの次命令．

```
beq $zero,$zero,label
nop
```
に翻訳される．

6.3.7 ジャンプ命令

ジャンプ命令も次の命令ではなく離れた命令へと飛んでいくので，飛び物命令などと呼ばれることがある．ジャンプ命令と分岐命令は，処理の流れを制御する命令であるので，制御転送命令あるいは制御命令といわれる．

以降のジャンプ命令の直後の 1 命令は遅延スロット(第 7 章参照)となる．j 命令以外の命令はサブルーチン呼出しに関連している．

■ 構文　j label　　# jump の略

J 形式であり，op は 000010．label というラベルの付いたアセンブリ言語命令に無条件に飛ぶ．アセンブラが target フィールドに飛び先アドレス情報[*16]を入れてくれる．

■ 構文　jal label　　# jump and link の略

[*16] 実際の飛び先アドレスは，これを 4 倍した値(語アドレス)である．

J形式であり，opは000011．次命令[17]のアドレスをレジスタ番号31($ra)に退避してから，labelというラベルの付いたアセンブリ言語命令，すなわちサブルーチンの先頭に飛ぶ．アセンブラがtargetフィールドに飛び先アドレス情報[16]を入れてくれる．次命令[17]のアドレスをレジスタ番号31($ra)に退避するのは，サブルーチンから戻ってくるための手立てである．jal命令はサブルーチンの呼出し側と被呼出し側との連結(リンク，link)のための処理を実行している命令である．

■ 構文　jr rs　　# jump registerの略

R形式であり，opは000000，rtは00000，rdは00000，functは001000である．レジスタrsによって示されるアドレスにある命令に無条件に飛ぶ．この命令はサブルーチンの被呼出し側から呼出し側に戻るときに使用する．この命令を実行すると，制御がレジスタrsの内容，すなわちアドレスに飛ぶ．よってrsに$raを指定すれば，サブルーチンの呼出し側に戻ることができる．

■ 構文　jalr rd,rs　　# jump and link registerの略

R形式であり，opは000000，rtは00000，functは001001である．次命令[18]のアドレスをレジスタrdに退避してから，レジスタrsの内容，すなわちアドレスによって示される命令に無条件に飛ぶ．オペランドを一つしか指定しないときはjalr rsとみなされ，jalr $ra,rsに翻訳される．

6.3.8　サブルーチン呼出し

さて，前項のジャンプ命令を使用したサブルーチン呼出し(サブルーチンコール)について説明する．ジャンプ命令によってメインルーチンとサブルーチンの間の処理の流れを制御する．サブルーチンはEDSACにも存在した．

（1）　呼出しの基本

MIPSにおけるサブルーチン使用の典型的なアセンブリ言語プログラムの流れについて説明する．ただし，ここでは各種レジスタの内容の保存，引数渡し，返値の受け取りについて言及していない．これについては(2)のスタックを用いたサブルーチン呼出しのところで説明する．流れを次に示す(図6.4参照)．

① まず呼出し側はjal命令により，サブルーチンの先頭であるlabelに飛ぶ．このとき，jal命令の次命令[19]のアドレスがレジスタ番号31($ra)に退避される．

---

[17] jal命令の直後には遅延スロットが入るので，正確にはその次の命令である．
[18] 正確には遅延スロットの次命令．
[19] 正確には遅延スロットの次命令．

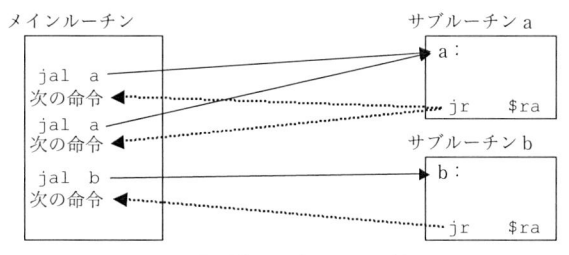

図 6.4 典型的なサブルーチン呼出し

②サブルーチン(被呼出し側)から呼出し側に戻るときには jr 命令を用いる．$ra に戻り先アドレスが退避されているので，$ra を指定し，そのアドレスに飛ぶ．

③そうすると jal 命令(呼出し側)の次命令[19]に制御が転送され，帰還成功となる．

（2） スタックを用いたサブルーチン呼出し

各種レジスタの内容の保存，引数渡し，返値の受け取りを含む，スタックを用いたサブルーチン呼出しの典型的なアセンブリ言語プログラムの流れは以下のようである．

〔メインルーチンからの呼出し〕

①保存する必要のある，すなわち，サブルーチンから戻ってきてからも使用する引数用レジスタ($a0〜$a3)，作業用レジスタ($t0〜$t9)，返値用レジスタ($v0, $v1)があるならば，スタックポインタを進めてスタック領域を確保し，それらレジスタをスタックにプッシュする．

②サブルーチンへの引数値を引数用レジスタ($a0〜$a3)に格納する．

③jal 命令を実行してサブルーチンに飛ぶ．

④サブルーチンから戻ってきたとき，サブルーチン処理の返値(戻り値)はレジスタ$v0, $v1 に入っている．

⑤スタックに退避していたデータがあるならばそれらをポップし，もとのレジスタへ復元させ，スタックポインタをもとに戻し，使用していたスタック領域を開放する．

〔被呼出し側がさらにサブルーチンを呼出すことはない葉サブルーチンの場合〕

①作業用レジスタ($s0〜$s7)を使用するならば，スタック領域を確保し，それらレジスタをスタックにプッシュする．

②処理を実行する．

③処理の終了後，スタックに退避しておいたデータがあるならば，それらをポップし，もとのレジスタへ復元させ，使用していたスタック領域を開放する．
④処理結果の返値(戻り値)を$v0, $v1 に格納する．
⑤jr 命令を用いて呼出し側に戻る．
〔被呼出し側であるサブルーチンが，さらにサブルーチンを呼ぶ場合．よってこのサブルーチンは，被呼出し側でもあるし，呼出し側でもある〕
①スタックポインタを進め，スタック領域を確保する．
②スタックに，戻り先アドレス($ra)をプッシュする．
③保存する必要のある，すなわちサブルーチンから戻ってきてからも使用する引数用レジスタ($a0～$a3)，作業用レジスタ($t0～$t9)，返値用レジスタ($v0, $v1)があるならば，それらをスタックにプッシュする．
④作業用レジスタ($s0～$s7)を使用するならば，それらをスタックにプッシュする．
⑤処理を実行する．この中でさらにサブルーチンに飛ぶ(その直前でさらなるサブルーチンへの引数値を$a0～$a3 に格納する)．サブルーチンからの返値は$v0, v1に入っている．
⑥処理が終了したら，スタックに退避していたデータをポップし，もとのレジスタへ復元させる．
⑦スタックポインタをもとに戻し，使用していたスタック領域を開放する．
⑧処理結果の返値を$v0, $v1 に格納する．
⑨jr 命令を用いて呼出し側に戻る．
　被呼出し側で使用する引数の個数が 5 個以上の場合，あるいは返値が 3 個以上の場合はレジスタに格納しきれないので，スタックを使用する．被呼出し側で使用する引数値，あるいは呼出し側で受け取る返値をスタックに置き，呼出し側と被呼出し側との間でそれら値の受け渡しを行う．
　レジスタの内容の保存に関して 2 種類(呼出し側で保存，被呼出し側で保存)あることに留意してほしい．
　本書ではフレームポインタレジスタ，グローバルポインタレジスタは使用しないものとする．これらについては[Heinrich]，[Farquhar]，[Sweetman]を参照してほしい．具体的なサブルーチン呼出しのアセンブリ言語プログラムは付録 B.4 節に掲載したので参照してほしい．

6.3.9 その他の命令

■ 構文　abs rd,rs

合成命令であり，レジスタ rs の内容の絶対値をレジスタ rd に格納する．

■ 構文　nop　　# no operation の略

R 形式であり，全ビット 0 である．何もしない．ただし，PC は更新され，マシンサイクル(実行時間)は消費される．nop 命令といわれる．

7
パイプライン処理

　パイプライン処理は，フォン・ノイマン・ボトルネック(1.3節参照)を克服するための改良策の一つであり，ノイマン型コンピュータのスループット性能向上を実現する技法である．パイプライン処理には，命令パイプライン処理と演算パイプライン処理[*1]があるが，本章では各機械語命令を互いにオーバーラップさせて実行することにより高速化を図る命令パイプライン処理について説明する（以下，命令パイプライン処理をパイプライン処理と略称する）．

　パイプライン処理は，複数の命令をずらしつつ，オーバーラップさせて（同時並列的に）実行することにより，スループットを増大させる方式である．スループット(throughput)とは，単位時間当たりに処理できる仕事量であり，処理能力と訳されることもある．一方，一つの命令の実行が開始されてから終了するまでの実行時間であるレイテンシ(latency)は，パイプライン処理では減少しない．実際は，パイプライン処理のために制御のオーバーヘッドが起こり，1命令当たりの実行時間は多少増大，よってレイテンシが多少増大する．

7.1　た　と　え　話

　パイプライン処理はたとえ話，比喩を用いて説明したほうが理解しやすい．ここではカフェテリア形式のレストランに家族で行く比喩を使う[Onai]．

（1）　カフェテリア形式レストラン

　カフェテリア形式のレストランでは，家族の1人が，まずお盆コーナーでお盆を取り（第1ステージ），料理コーナーで料理皿を取り（第2ステージ），会計コーナーでお金を払い（第3ステージ），カテラリーコーナーで箸，フォーク，ナイフなどを取り（第4ステージ），テーブル席へ行き着席する（図7.1参照）．1人が

[*1]　演算器そのものを多段に分割し，パイプライン処理を可能にする方式．

7.1 たとえ話

お盆コーナー　料理コーナー　会計コーナー　カテラリーコーナー
（第1ステージ）（第2ステージ）（第3ステージ）（第4ステージ）

図 7.1　カフェテリア形式レストラン

箸，フォーク，ナイフまでを取り終わってから，次の人がおもむろにお盆を取り始めるのが直列処理（あるいは逐次処理）である．パイプライン処理というのは，最初の1人がお盆を取り終わり料理コーナーに入るところで，次の1人がすかさず同時にお盆コーナーに入ってしまう方法である．図7.2，7.3にカフェテリア形式レストランでの直列処理とパイプライン処理を示した．ここでは簡単のために，各ステージでの処理時間（この比喩の場合は客の滞在時間）は等しいとした．また図中で，「盆」はお盆コーナーでお盆を取る（第1ステージ），「皿」は料理コーナーで料理皿を取る（第2ステージ），「金」は会計コーナーでお金を払う（第3ステージ），「箸」はカテラリーコーナーで箸，フォーク，ナイフなどを取る（第4ステージ），のそれぞれ略である．

図7.2，7.3より，1人がカテラリーコーナーで箸，フォーク，ナイフまでを

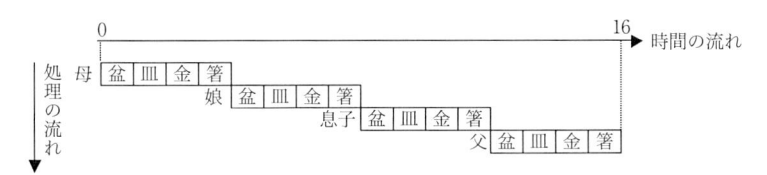

図 7.2　カフェテリア形式レストランでの直列処理

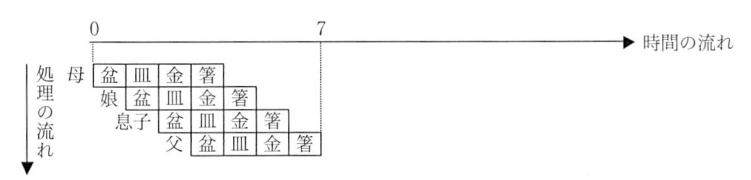

図 7.3　カフェテリア形式レストランでのパイプライン処理

取り終わってから，次の人がお盆コーナーでお盆を取り始めるという直列処理より，パイプライン処理のほうが，家族の最後の1人がテーブルに着席できるまでの時間を短縮できることがわかる．これは，各ステージをオーバーラップさせて同時並列的に処理できるからである．店にとってみれば，客というのは処理しなければならない仕事であるから，単位時間当たりにさばける客の人数，すなわち単位時間当たりの仕事量(スループット)はパイプライン処理のほうが大きい．レストランのカフェテリアの各ステージが各々1本の太いパイプに相当し，それらを連結し，客(仕事)をそのパイプに次々と送り込み，パイプの中で流れ作業的に処理することにより多くの客(仕事)をさばく方式，ということでパイプラインという名称が使用されるようになった．一方，客の1人1人にとっては，お盆を取り始めてから箸，フォーク，ナイフを取り終わるまでの時間は短縮されるわけではない．つまりレイテンシは変わらない．

（2） 客処理能力の向上

さて次は，カフェテリア形式レストランでパイプライン処理化するとどれくらいの性能向上，すなわちスループット向上が見込めるかということについて説明しよう．図7.2, 7.3において，各ステージの所要時間が等しく，すべて1単位時間だとしよう．

直列処理で4人がすべて着席できるまでにかかる時間は図7.2より，16単位時間である．一方，図7.3より，パイプライン処理の場合は7単位時間である．よって，スループット向上比は，

$$16 \div 7 \fallingdotseq 2.3$$

だから約2.3倍である．スループット向上により，全体(この場合は4人)の処理にかかる実行時間は7/16(約44％)に短縮される．それでは客の人数が増加していくとどうなるであろうか．

客が8人の場合のパイプライン処理を図7.4に示した．
客が8人の場合，直列処理時間は

$$4 単位時間 \times 8 人 = 32 単位時間$$

であり，パイプライン処理時間は

$$3 単位時間 + (1 単位時間 \times 8 人) = 11 単位時間$$

であるから(図7.4)，スループット向上比は

$$32 \div 11 \fallingdotseq 2.9$$

となる．それでは客の人数が1万人になったとしよう．直列処理時間は

$$4 単位時間 \times 10000 人 = 40000 単位時間$$

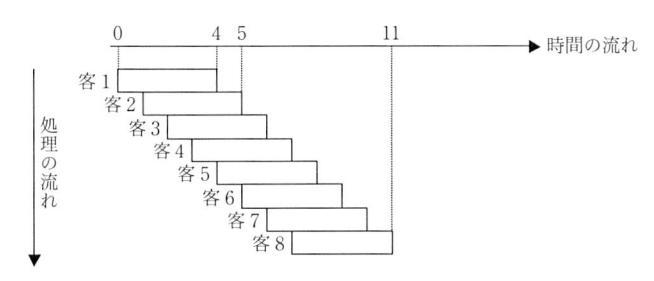

図 7.4 客が 8 人のときのパイプライン処理
客の処理の各ステージ（盆，皿，金，箸）は省略．

であり，パイプライン処理時間は
$$3\text{単位時間}+(1\text{単位時間}\times 10000\text{人})=10003\text{単位時間}$$
だからスループット向上比は
$$40000\div 10003\fallingdotseq 3.9988\cdots$$
となる．客の人数を n とし，n が無限大になったときは，
$$\lim_{n\to\infty}\frac{4n}{3+n}=\lim_{n\to\infty}\frac{4}{\frac{3}{n}+1}=4$$
となる．

このように，各ステージの所要時間が等しい場合にはパイプライン処理によるスループット向上比（これは全実行時間の短縮比でもある）は，ステージ数に近づく．しかしながら各ステージの所要時間は通常等しくはない．カフェテリア形式レストランの場合でも，お盆を取る時間よりお金を払う時間が長くかかるのは普通である．これについては，次の機械語命令に基づく説明の中で述べよう．

7.2　RISC 型 CPU

本節ではコンピュータ内部での各機械語命令の実行時間に基づき，パイプライン処理の説明をしていく．ここでは 1 命令 1 クロックサイクルを特徴とする RISC 型 CPU を例にとる．

7.2.1　ステージ種別

今，CPU での命令実行の過程と内容が，
① 命令フェッチ（IF：instruction fetch ステージ）：　命令メモリから命令を

読み出し,プログラムカウンタ(PC)を更新する.

② 命令デコードとレジスタフェッチ(ID：instruction decode ステージ)：命令を解読しながらレジスタの内容を読み出す.

③ 主として ALU での演算操作実行とアドレス計算(EX：execution ステージ)： ロードストアアーキテクチャの CPU では演算とアドレス計算の両方を必要とする命令はないから,本ステージで,算術論理演算や実効アドレス,分岐アドレスの計算,分岐条件の判定と PC の設定などを行うことができる.

④ メモリアクセス(MA：memory access ステージ)： ロード命令,ストア命令が実効アドレスに基づきデータメモリにアクセス(読み出し,書き込み)する.

⑤ レジスタへの書き込み(WB：write back ステージ)： ALU 演算結果をレジスタに書き込む,あるいはロード命令において読み出されたデータをレジスタに書き込む.

の 5 ステージ(ステップあるいはセグメントともいう)だとする.これは RISC 型 CPU における最大公約数的なステージ種別である[*2].このステージ数をパイプラインの段数とか深さという.カフェテリア形式レストランの比喩の場合は 4 段である.

カフェテリア形式レストランの比喩の場合は,四つのステージそれぞれの所要時間,すなわち処理時間はどれも同じと仮定したが,コンピュータの場合は,各ステージの処理時間は均等ではない,すなわち各ステージの処理時間が異なる.よって機械語命令が違えば処理時間は異なる.ここではアクセス時間,ALU で

表 7.1 基本的命令と使用ステージ,実行時間(単位：nsec)

ステージ＼命令	ロード	ストア	算術論理	分岐
IF(メモリアクセス)	2	2	2	2
ID(レジスタアクセス)	1	1	1	1
EX(ALU 処理)	1	1	1	1
MA(メモリアクセス)	2	2	使用せず	使用せず
WB(レジスタアクセス)	1	使用せず	1	使用せず
各命令の実行時間	7	6	5	4

[*2] 細かくみれば違いはある.たとえば,この例の場合第 3 ステージ(EX)で分岐アドレスの計算,分岐条件の判定と PC の設定などを行っているが,ハードウェア機能を追加し第 2 ステージ(ID)で実行する RISC 型 CPU もあるし,分岐命令実行の一部を第 4 ステージ(MA)で実行する RISC 型 CPU もある.

の処理時間を以下のように仮定する．

　　命令メモリ，データメモリへのアクセス時間(読み出し，書き込み)：
　　　　　　　　　　　　　　　　　　　　　　　　2 nsec(ナノ秒)
　　ALU での処理時間：　　　　　　　　　　　 1 nsec(ナノ秒)
　　レジスタへのアクセス時間(読み出し，書き込み)：　1 nsec(ナノ秒)
この仮定をもとにした基本的命令(ロード命令，ストア命令，算術論理命令，分岐命令)のステージ使用と実行時間例を表 7.1 に示す[*3]．

7.2.2　スループット向上比

プログラムの実行時間は，機械語命令数×平均 CPI×クロックサイクルであった(1.5.1 項参照)．機械語命令数は直列処理でもパイプライン処理でも同じである．

$$クロックサイクル×平均CPI＝平均命令実行時間$$

であるから，スループット向上比は，直列処理の平均 CPI×クロックサイクルと，パイプライン処理の平均 CPI×クロックサイクルの比となる．

今 IF, ID, EX, MA, WB の 5 種類のステージの合計実行時間は 7 nsec である．ここでは 1 命令 1 クロックサイクルの RISC 型 CPU を考えているから，1 クロックサイクルは最も時間のかかる機械語命令，すなわち 5 種類のステージ全部を必要とする命令であるロード命令(表 7.1)に合わせる必要がある．よって直列処理では図 7.5 のようにクロックサイクルは 7 nsec となる．1 命令 1 クロックサイクルであるから CPI＝1 である．

パイプライン処理におけるクロックサイクルも各ステージのうち，最も時間のかかるステージに合わせる必要があるため，1 クロックサイクルは 2 nsec となり，パイプライン処理は図 7.6 のようになる．よってパイプライン処理における 1 命令実行のレイテンシは 10 nsec となり，直列処理の 7 nsec よりも長くなる．

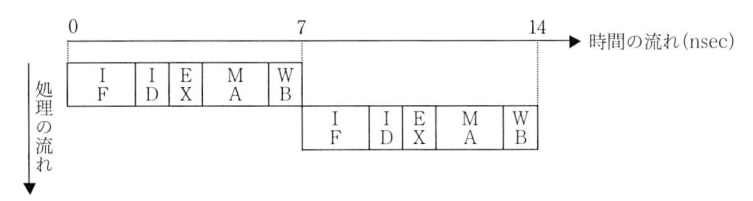

図 7.5　RISC 型 CPU での直列処理

[*3]　単位については 16 ページの脚注を参照．

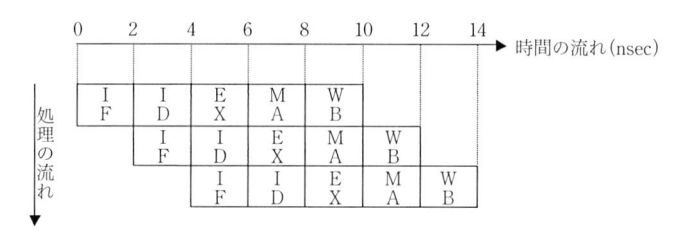

```
                0    2    4    6    8   10   12   14
                |    |    |    |    |    |    |    |    時間の流れ(nsec)
処        I    I    E    M    W
理        F    D    X    A    B
の             I    I    E    M    W
流             F    D    X    A    B
れ                  I    I    E    M    W
                    F    D    X    A    B
```

図 7.6 RISC 型 CPU でのパイプライン処理

パイプライン処理では，すべてのステージで命令が実行されている状態にあるならば(7.3 節で説明するハザードがない場合)CPI＝1 である．

図 7.6 の場合，わずか 3 命令のため，スループット向上比は，21/14＝1.5 である．命令数が 10000 になれば，直列処理での実行時間は 7×10000＝70000 nsec，パイプライン処理での実行時間は 8＋2×10000＝20008 nsec で，70000÷20008≒3.5 となる．命令数が増加していけば，各ステージの所要時間が異なる場合，スループット向上比はステージ数(パイプラインの段数，深さ)の 5 ではなく，直列処理のクロックサイクル(直列処理の最長機械語命令実行時間)と，パイプライン処理のクロックサイクル(各ステージの内の最長ステージ所要時間)との比，この例の場合は 7/2＝3.5，に近づいていく．

7.2.3　オーバーヘッド

実際はパイプライン処理の制御のためのオーバーヘッドがあり，そのためパイプライン処理の平均命令実行時間，1 命令実行のレイテンシは多少増大する．たとえば，各ステージでのオーバーヘッドが 0.1 nsec とすると，5 種類のステージでの各所要時間が等しく 2 nsec の場合，パイプライン処理の各ステージの所要時間は，2＋0.1＝2.1 nsec となる．よってスループット向上比は，

$$\frac{10}{2.1} \fallingdotseq 4.76$$

となり，ステージ数 5 に届かない．

5 種類のステージでの各所要時間が異なる場合でもパイプライン処理の制御のためのオーバーヘッドはもちろん存在し，クロックサイクルは最長ステージ所要時間にオーバーヘッド時間を加算した値となる．そしてスループット向上比は，直列処理のクロックサイクルとパイプライン処理のクロックサイクル(ただしオーバーヘッド時間を含む)の比となる．なおパイプライン処理における最長ステージ所要時間とオーバーヘッド時間を加算した値をパイプラインピッチ，あるい

は単にピッチ(pitch)という．

　パイプライン処理の制御のためのオーバーヘッドには，ラッチ遅延(latch delay)，クロックスキュー(clock skew)がある．ラッチというのはステージとステージの間にある記憶機能をもった電子回路であり，このラッチを経由してステージからステージへとデータが転送される．ラッチ遅延というのは，このラッチ経由にかかる遅延時間である．各ラッチには同期のためのクロックパルスが入力として与えられているが，配線の長さの差などにより，各ラッチへクロックパルスのエッジ(図1.3参照)が到達する時刻に差が出てきてしまう．この差(バラツキ)をクロックスキューといい，ラッチ遅延と等価なオーバーヘッドとなる．

　以上をまとめると，パイプライン処理は直列処理(逐次処理)を並列化し，スループットの向上を目指す技法である．これにより，逐次性に起因するフォン・ノイマン・ボトルネックの緩和を図る．プログラマはパイプライン処理を意識しなくてよいというのがパイプライン処理の長所の一つである．命令長が可変長だとIFステージでの命令フェッチやIDステージの命令解読に時間がかかり，またメモリ命令がロード命令/ストア命令のみでないと演算命令においてもアドレス計算が必要となる場合が出てくるから，パイプライン処理の制御が複雑化する．よって命令長が等しく固定長，メモリ命令がロード命令とストア命令に限られているRISC型CPUはパイプライン処理向きであるといえる．

7.3　流れを乱すもの

　図7.1では，前の人が次のステージに入るときに次の人はすかさずそのステージに入ることができた．たとえば娘が第2ステージ(料理コーナー)から第3ステージ(会計コーナー)に入るときに，次の息子はすかさず第2ステージ(料理コーナー)に入ることができた．しかしいつもこのようにうまくいくとは限らない．つまり前の人が次のステージに入っても，次の人がそのステージにうかつに入ることができない状況が存在する．このような状況をパイプライン処理の流れが乱れるという．パイプライン処理を乱す事象，別のいい方をすれば次のクロックサイクルでの次命令の実行開始を妨げる事象のことを，ハザード(hazard)あるいは競合(conflict)という．ハザードが起こるとパイプライン処理は停止する，すなわち，命令を実行できないステージが出現する．これをストール(stall)とかバ

---

*4　ストールやバブル以外に，遅れ，待ち，失速，停止，立ち往生などと訳されることもある．

ブル(bubble)という*4．ハザードには3種類あり，以下にそれらとその対処法について説明する．

7.3.1 構造ハザード

ハードウェア資源の不足にかかわるハザードであり，3種類の例について説明する．

● 例1　ハードウェア資源の競合が起こり，二つのステージを同時並列的に実行できない場合である．カフェテリア形式レストランの比喩でいえば，お盆コーナーとカテラリーコーナーが同じコーナー(お盆と箸，ナイフ，フォークなどが同じコーナーに置いてある)だと，お盆を取る行為と箸，ナイフ，フォークを取る行為が2人同時に実行できないということである．

これに対処するためには，図7.1のように，お盆コーナーとカテラリーコーナーを別のコーナーにすればよい．お盆コーナー，カテラリーコーナーというハードウェア資源(ちょっと大げさだが)を別のコーナーとして分離すること(ハード的分離)により，この構造ハザードを回避しているわけである．

コンピュータでいえば，たとえば命令とデータが同一のメモリに格納されていて，かつ同時にアクセスができないハードウェア構造になっている場合である．この場合，図7.7のように，ロード命令，ストア命令によるメモリアクセス(MAステージ)とメモリからの命令読み出し(IFステージ)とは，メモリ競合を引き起こし，同時実行できない．これを回避する対処法としては，命令を格納するメモリ(命令メモリ)とデータを格納するメモリ(データメモリ)をハードウェア的に分離するといった方法がある．7.2.1項のステージ種別の説明のように，本章で例にとったRISC型CPUでは，データメモリと命令メモリは別々である．次章で説明するキャッシュの場合ならば，命令キャッシュとデータキャッシュに

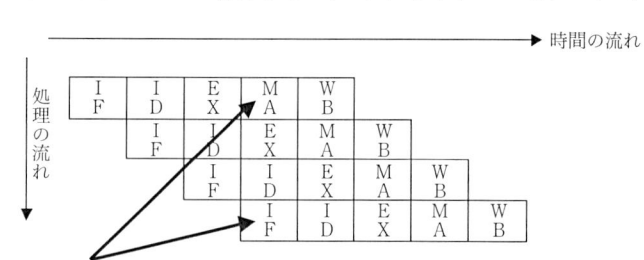

図 7.7　構造ハザード：ハードウェア資源の競合例

分離する．命令とデータを別々のメモリに分離して格納するアーキテクチャをハーバードアーキテクチャということがある．

ハードウェア的に分離できない場合は，後続の命令，あるいは優先度の低い命令を待たせる(ストールする)ことによって対処する．

● 例2　EXステージにおいて複雑な演算(たとえば浮動小数点数演算)を実行する場合は，この複雑な演算のための特別な演算器(たとえば浮動小数点数演算器)が複数クロックサイクル占有される．よって浮動小数点数演算器が一つのときは，後続の浮動小数点数演算命令は浮動小数点数演算器が空くまでストールする．これも演算器というハードウェアの競合であり，ストールを回避するためには演算器を複数個設ける．あるいは演算器の内部を多段に分割し，この演算器自体をパイプライン化(演算パイプライン処理)するという方法もある．

● 例3　記憶階層(第8章参照)におけるミス発生の場合である．キャッシュミス，TLBミス，ページフォールトなどがある．たとえば，MAステージにおいてキャッシュミス(8.2節参照)が起こったとき，データを主記憶からキャッシュに転送する必要があり，その間パイプライン中のほかの命令は次のステージに入ることができず，ストールする．そしてキャッシュミスが解消されるのを待つ．

7.3.2　制御ハザード

制御ハザードは，命令の演算結果に依存して，次に実行する命令が変化する場合，たとえば「演算結果がゼロなら，ラベルXXXに飛ぶ」といった条件分岐命令の場合に発生する．

条件分岐命令の場合，演算結果によっては次命令アドレスを指しているプログラムカウンタの値が変更される可能性もあり，うかつに次命令の実行を開始できない．対処法としては，以下の3手法がある．

《対処法1》　演算結果が出るまで待つ(ストールする)(図7.8)．よって次命令の開始が遅れ，その分スループットが低下する．この遅れを分岐遅延という．

《対処法2》　ストールはせずに，演算結果(どちらに分岐するか)を予測し，次命令を実行してしまう．予測が外れた場合は，実行した命令を無効化し，改めて正しい次命令を実行しなければならない．すでに実行した分は無駄になる．

《対処法3》　単にストールして，待っているのももったいないので，ストール部分(これを分岐遅延スロット，あるいは単に遅延スロットという)に命令を挿入する(図7.9)．遅延スロットに挿入する命令は，分岐命令の演算結果に無関係な命令であり(どの命令がこれに相当するかはコンパイラが判断してくれる)，これ

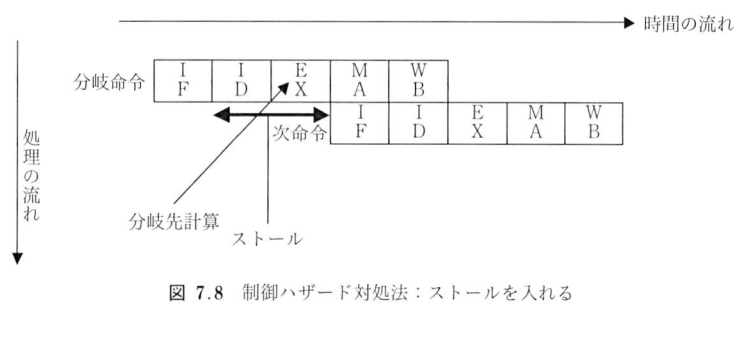

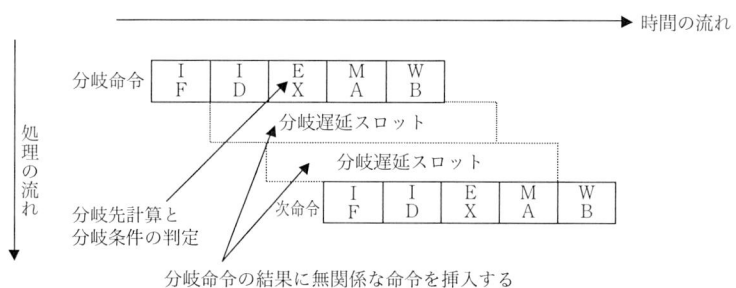

図 7.8　制御ハザード対処法：ストールを入れる

図 7.9　制御ハザード対処法：分岐遅延スロットを入れる

を実行することによりスループットの低下を防ぐ．この場合，本来分岐命令の直後に実行されるべき命令が，実際は遅延スロット中の命令の実行完了まで待たされる．これを遅延分岐(delayed branch)という．分岐命令の演算結果に無関係な命令が見つからない場合は nop 命令のような実質的に何もしない命令を挿入する．遅延分岐の場合，遅延スロット中の命令は必ず実行される．なお分岐条件の成立，不成立により遅延スロットの命令実行を制御する機構を取り入れているマイクロプロセッサ，たとえば SPARC(取消ビット)もある．

　カフェテリア形式レストランの比喩での制御ハザードの例は，先行人の会計コーナーでの支払額に依存して次の家族構成員が料理コーナーで取る料理を変化させる場合である．たとえば先行人の支払い額が一定額より高ければ鶏肉唐揚にし，安ければ松坂牛ステーキにするという選択をする場合である．カフェテリア形式レストランの比喩における対処法3種類は以下のようであろう．

　《対処法1》　先行人の第3ステージ(会計)が終了しないと，次の人の第2ステージ(料理皿を取る)が開始できないので，先行人の会計額が確定するまで，次の家族構成員が料理皿を取らないで待っている．つまりストールし，分岐遅延が発

図 7.10 制御ハザード対処法の比喩
(残念ながら予測がはずれた)

生する.

《対処法2》 母は高い料理を取らないと予測して，娘は松坂牛ステーキを取ってしまう．ただしこの《対処法2》は，「演算結果を予測し，次命令を実行してしまう．予測が外れた場合は，実行した命令を無効化し，改めて正しい次命令を実行する(すでに実行した分は無駄になる)」なので，予測が外れた場合，一度取った料理皿をもとに戻す(無効化)．この例の場合，娘は松坂牛ステーキの皿を戻し(無効化)，鶏肉唐揚の皿を取る(正しい次命令)．料理皿にはラップをかけてある，あるいは透明プラスチックのふたをしてあるから，戻す行為は許されるものとしよう(図 7.10)．本当は，料理を捨てることが，予想が外れた場合の対処かもしれないが，これは環境に優しくないのでこの比喩では採用しない．

《対処法3》 店のマネージャー(コンピュータの場合ならばコンパイラ)が雰囲気を察知して，赤の他人(コンピュータの場合ならば無関係な命令)を列に割り込ませ(遅延スロットへの命令の挿入)，娘より先に料理皿を取るよう指示する．店にとっては処理する客数の低下(スループットの低下)を防ぐことができる．娘は母の会計コーナーでの結果が出るまでお盆を持ったまま料理コーナー直前で待っている．

7.3.3 データハザード

先行命令の結果を使って次命令を実行する場合に起こる．たとえば先行命令(たとえば算術演算)のALU演算結果(レジスタに書き込まれる)を，次命令(たとえば算術演算)がレジスタから読み出してALU演算に使用する場合である(図 7.11)．この場合，先行命令(加算命令)はALU演算結果をR3レジスタに書き込み(WBステージ)，次命令(減算命令)はR3レジスタから結果を読み出して

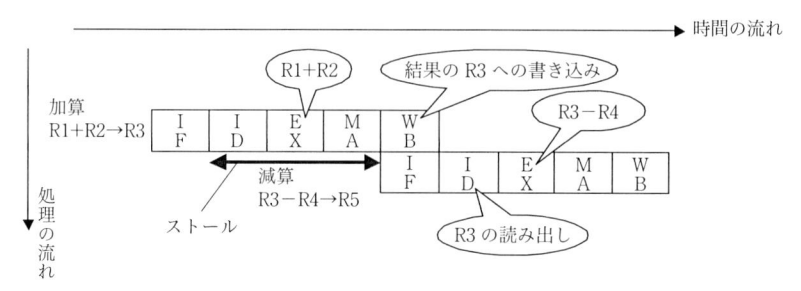

図 7.11　データハザード対処法：ストールを入れる

(ID ステージ)，ALU 演算をしなければならない．先行命令のレジスタへの書き込みが完了するまで(WB ステージ)，レジスタ読み出しの開始(ID ステージ)を次命令が待つという対処法がある．待つ間，次命令の前にストールが入る．

　ストールを回避する対処法としては，ハードウェアに機能追加をし，先行命令の ALU での演算結果出力(EX ステージ)を，次のクロックサイクルで，即 ALU の入力(次命令の EX ステージ)に入れる方法がある(図 7.12)．これはフォーワーディングあるいはバイパス法と呼ばれる．

　カフェテリア形式レストランの比喩では，会計のとき，次回から使用できる割引券をくれる場合である．これはファミリーレストランなどでよくある例である．「どうして今使えないの？」とごねる客を見かけたことのある読者もいるかもしれない．割引券を次回でなく，今回使うためには以下のようにする．

① 先行する家族構成員以外の残りの家族，たとえば娘がお盆コーナー直前で待っている．

② カテラリーコーナーで箸，フォーク，ナイフなどを取り終わった先行人，

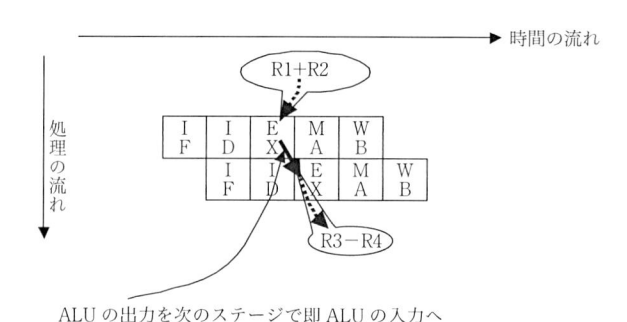

図 7.12　データハザードを回避する対処法

図 7.13 データハザード対処法の比喩
(割引券のバイパス)

たとえば母から,その娘が割引券を受け取る.

③ 娘は割引券を持ち,やっとお盆コーナーに入ることができる.

　これがカフェテリア形式レストランでのデータハザードの対処法である.つまり割引券(データ)を受け取るまで次の人はずっと待つ(ストールする).このようなデータハザードを回避する対処法としては,たとえば会計コーナーにいる母から,料理皿コーナーにいる娘にそっと割引券を渡してしまう(フォーワーディングあるいはバイパス法)という方法がある(図7.13).会計コーナーにいる店の人に,「後ろからくる娘に渡してね」などと頼んでしまう,といった過激なバイパス法もあるだろう.

8

記 憶 階 層

　1.3節にて説明したように，ノイマン型コンピュータの短所として，フォン・ノイマン・ボトルネックというものがあった．この短所を克服するための改良策の一つが，本章で説明する記憶階層(メモリ階層ともいう)である．フォン・ノイマン・ボトルネックというのは，ノイマン型コンピュータの1プロセッサ1メモリ構造と逐次性により，CPUとメモリとの間が命令，データで渋滞してしまうことである．たとえていえば，CPUとメモリとの間の，命令やデータが通過するパイプが細く，ここがつまりがちであり，また，より容量が大きく，かつより遠く離れたメモリにまでパイプが届きにくい，というものであった．そこで，CPUとメモリとのパイプを太く，かつ遠くまで届くようにするため記憶階層が考案された．

　以下，本章では，記憶階層の2大要素技術であるキャッシュ(cache)方式と仮想記憶(virtual memory, virtual storage)方式について説明する．

8.1 局所性原理と階層構造

　本節ではメモリへのアクセスに関し，そのアクセス時間，アクセスの局所性とそれをベースにした記憶階層構造について説明する．

（1）アクセス時間

　プログラムはその実行中に命令やデータをメモリから読み込んだり，メモリに書き込んだりする．この読み出し，書き込みをまとめてアクセス(メモリアクセス)といい，アクセスに要する時間をアクセス時間という．

　アクセス時間(メモリアクセス時間，アクセスタイムともいう)には二つの規定がある．

　① ストア命令，ロード命令などのメモリへのアクセス命令(メモリ命令)により，アドレスが指定され，データや命令の読み出し，書き込みが開始されるまで

(先頭語をアクセスするまで)の時間．通常，この規定である．

② アクセス命令により，アドレスが指定され，そこからの命令やデータの読み出し，あるいは書き込みが完了するまでの時間．この場合はアクセスレイテンシともいわれる．

アクセス時間の短いメモリを高速メモリという．一方，サイクル時間(メモリサイクル時間，サイクルタイムともいう)というのは，メモリに対して繰り返しアクセス(読み出し，書き込み)可能な最小時間間隔である．メモリの性能はサイクル時間とアクセス時間によって表現される．

（2） 時間的局所性と空間的局所性

キャッシュ方式と仮想記憶方式のどちらにも共通する，プログラムがもつメモリへのアクセスの性質に，アクセスの時間的局所性と空間的局所性という2種類の局所性原理がある．

　時間的局所性：　最近アクセスされた命令やデータのほうが再度アクセスされる可能性が高い．

　空間的局所性：　アクセスされた命令やデータに，アドレス空間(メモリ空間)上近接した命令やデータが引き続きアクセスされる可能性が高い．

この二つの局所性は，メモリ内の隣接したアドレスの命令が順次実行されていく，繰り返し実行が多い，同一データの読み書きが多い，メモリ内の隣接したデータ(配列要素など)が順次アクセスされることが多い，といったプログラムの性質に起因している．実際，プログラムの全機械語命令のわずかな部分(10%とか20%)の実行が，全実行時間の大きな部分(80%から90%)を占めることが知られている．

局所性原理に基づき，アクセスされる可能性のより高いデータや命令を，CPUに，より近い，より高速な[*1]メモリに収納すれば，データや命令へのアクセス時間を短縮することができる．そのような多層のメモリ構成技法が記憶階層である．

（3） 記憶階層構造

図8.1に記憶階層構造の概念図を示す．図8.1は，キャッシュ，主記憶，2次記憶(補助記憶)の3階層であるが，キャッシュと主記憶の間に2次キャッシュを入れたり，2次記憶をさらに多層構造(たとえば，磁気ディスクと磁気テープなど)にしたりなど，各種のバリエーションがある．いずれの方式もCPU(レジス

[*1] より高速なメモリはより高価なため，より小容量となる．

```
         ┌─────┐   ┌─────┐   ┌─────┐   ┌─────┐
         │ CPU │   │キャ │   │ 主  │   │ 二  │
         │(レジ│⇔ │ッ  │⇔ │ 記  │⇔ │次記 │
         │スタ │   │ シュ│   │ 憶  │   │ 憶  │
         │ 群) │   │     │   │     │   │     │
         └─────┘   └─────┘   └─────┘   └─────┘
```

　　より高速，　　　　　　　　　　より低速，
　　より小容量　←――――――――→　より大容量

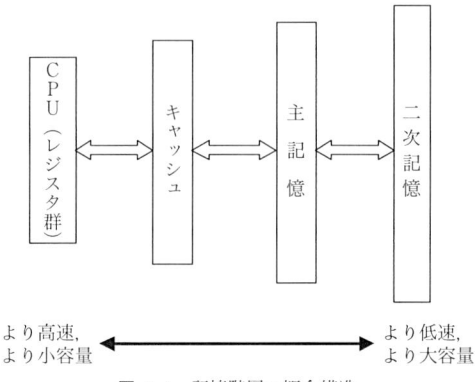

図 8.1　記憶階層の概念構造

タ群)に近いほうにより高速な(アクセス時間が短い)，より小容量(より高価だから)のメモリを，遠くなるにつれてより低速な，より大容量のメモリを配置する．

　アクセス時間が短くなるということは，同じ時間内に，より多くの命令やデータへのアクセスが可能になることであり，これは CPU とメモリとのパイプ(ボトルネック)が太くなったということである．ボトルネック(瓶の首の部分)が太くなれば同じ時間により多くの液体(命令やデータ)を流すことが可能になる．

　記憶階層構造において，キャッシュ方式はキャッシュと主記憶を対象とし，ハードウェアにより管理され，一方，仮想記憶方式は主記憶と 2 次記憶を対象とし，ソフトウェア(オペレーティングシステム，略して OS)により管理される．

8.2　キャッシュ方式

　CPU の速度に比べて主記憶へのアクセス速度が遅いために生じた CPU と主記憶の間の不均衡を是正するために，その間にアクセス速度が速いキャッシュ(あるいはキャッシュメモリ)を配置する方式(キャッシュ方式[*2] あるいはキャッシュメモリ方式)が考案された．

　CPU から主記憶へのアクセスがあると，ハードウェア的に主記憶のアドレスとキャッシュのアドレスとの対応づけ(マッピング)がとられ，キャッシュ内に所

[*2]　キャッシュのスペルは cache であり，隠し場所という意味である．現金のキャッシュ cash とはスペルが異なる．

望の命令あるいはデータがあるかどうかの検索が実行される．このマッピング方式には各種あるが，セットアソシアティブ方式を中心に説明し，その特別な場合としてのダイレクトマップ方式とフルアソシアティブ方式を説明する．通常，キャッシュ容量は 8 KB(キロバイト)から 256 KB 程度である．

8.2.1 ヒットとミス

CPU によるキャッシュアクセスは概略，次のようである．

① CPU は，必要とする命令やデータを得るためにまずキャッシュにアクセスする．

② はじめてアクセスする命令やデータはキャッシュ内には存在しないから，主記憶に取りにいき，それをキャッシュに転送・格納する．

③ 2 度目のアクセスからはそれら命令やデータはキャッシュ内に存在する．

④ キャッシュ容量は主記憶容量に比べて小さいので，キャッシュが満杯になった場合には置き換えアルゴリズム(8.2.5 項(2)参照)に従い，キャッシュ内の既存の命令，データを追い出してから，必要とする命令やデータを新たにキャッシュ内に転送・格納しなければならない．

必要とする命令やデータがキャッシュ内にあった場合をヒット，ない場合(よって主記憶に取りにいく場合)をミスという．ミスした場合の処理はハードウェアにより実行される．ヒットする確率をヒット率，ミスする確率をミス率という．ヒット率＋ミス率＝1 である．

キャッシュは高速小容量のメモリである．キャッシュへのアクセス時間が 1 単位時間，主記憶へのアクセス時間が 20 単位時間，すなわちキャッシュへのアクセス時間が主記憶へのアクセス時間の 20 倍高速であり，ヒット率が 90％ であると仮定しよう．このとき，キャッシュ方式による平均アクセス時間は，

$$1\times 0.9+(20+1)\times 0.1=3$$

となる．ここではミスした場合は主記憶からキャッシュにいったん格納してからアクセスすると考える．キャッシュの導入により，主記憶への実効的アクセス時間が $20/3\fallingdotseq 6.67$ 倍高速化されたことになる．

8.2.2 セットアソシアティブ方式

主記憶アドレスとキャッシュアドレスのマッピング方式であるセットアソシアティブ(set associative mapping)方式(以下，セットアソシアティブと略す)について説明する．キャッシュ容量 64 KB(2^{16}B)，主記憶容量 256 MB(2^{28}B)，1 語

32 ビット(4 B)とする*3.

(1) 構成

セットアソシアティブはディレクトリ部とメモリ部から構成される(図8.2). キャッシュ全体の総ビット数は, タグとその関連情報ビット数(ディレクトリ部)とキャッシュ容量(メモリ部)をあわせたビット数となる.

(2) アドレス指定

主記憶へのアクセスはキャッシュへのアクセスとなる. 主記憶内の語数は 2^{26} 個だから(主記憶容量を 256 MB(2^{28}B)としたから), 語を指定するには図8.2のアドレス指定のように26ビットを必要とする. アドレス指定の内訳はタグ, セット(インデックスともいう), ブロック内オフセットとなる. 1語内のバイトアドレスをさらに指定する必要があるときには, このアドレス指定の最下位にバイトオフセット用の2ビット(1語4Bだから)を追加する. タグ, セット, ブロッ

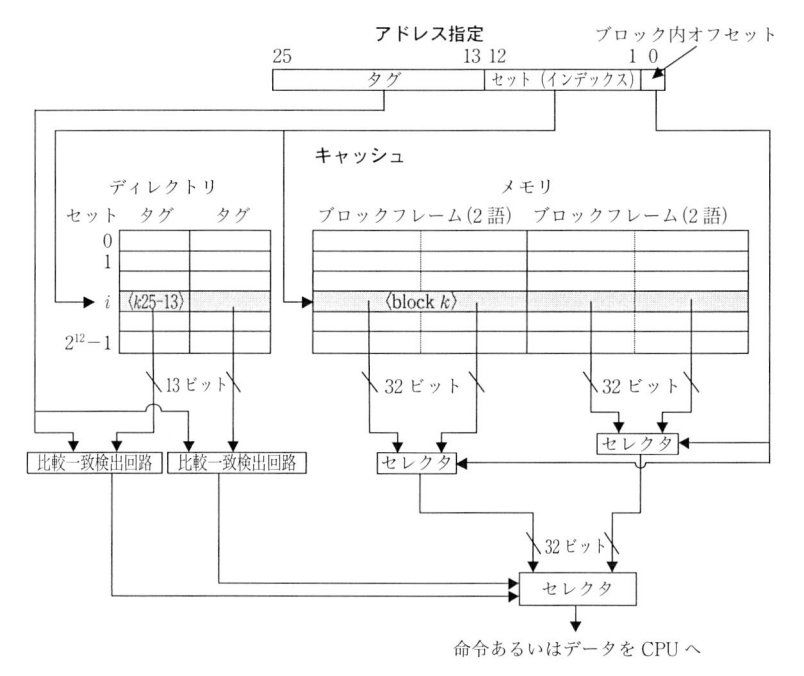

図 8.2 2ウェイセットアソシアティブ方式の構成

---

*3 ダイレクトマップ方式, フルアソシアティブ方式の説明においても同じ仮定とする.

ク内オフセットについては順次説明していく．

(3) メモリ部

a．ブロックサイズ　キャッシュと主記憶との間のデータ転送の単位をブロック（あるいはライン）といい，キャッシュと主記憶の内部はこのブロック単位に分割される．キャッシュ内のブロック単位をブロックフレーム（あるいは単にフレーム）という．

ブロックサイズが小さい場合（たとえば1ブロックフレーム1語）においては空間的局所性は利用できないため，ミスによる転送回数も増加してしまう．メモリアクセスの空間的局所性を利用するためには，ブロックサイズを増加させ，1ブロック内に複数語を収納する必要がある．1ブロックが複数語を収納する場合は，アドレス指定のブロック内オフセットによりどの語かを指定する．ブロックサイズを大きくすれば空間的局所性により，ミス率は低下する．しかしブロックサイズを極端に大きく，すなわち空間的局所性以上に大きくすると，ブロックフレーム内の多数の語にアクセスする前に，他のブロックへのアクセスが起こってしまう．この場合，ブロックサイズを極端に大きくしたために，キャッシュ内に収納できるブロック数そのものも減少している．その結果，必要とするブロックがキャッシュ内にない場合が増加するため，ミス率が高くなってしまう．またブロックサイズを大きくするとミス時における主記憶とキャッシュとの間のブロック転送時間が増大してしまう．

これらのトレードオフをとり，通常1ブロックは16から128B程度に設定される．本節の例の場合，紙面の都合もあり，1ブロックを2語(8B)とする．この場合，主記憶256MB(2^{28}B)は2^{25}個のブロックに分割され，各ブロックにはブロック番号（ブロックアドレス）が付与される．よってブロック番号指定には25ビットが必要である．所望の語がブロック内の2語のどちらであるかを指定するために，アドレス指定内にブロック内オフセットとしてさらに1ビットが必要である．

b．セット　セットアソシアティブのキャッシュには，複数のブロックフレームから構成されるセット（コラムともいう）というものがある．図8.2の場合，1個のセットは2個のブロックフレームから構成される．見方を変えれば，各セットは2個のブロックフレームを収納しているともいえる．

c．連想度　キャッシュ内の各セットに収納可能なブロックフレーム数Nを連想度（アソシアティビティ）という．この連想度の度数を意識し，セットアソシアティブをNウェイ(way)セットアソシアティブという．図8.2の例では

$N=2$ であるから，2 ウェイセットアソシアティブである．セットアソシアティブの場合，

$$\text{キャッシュ容量}=\text{ブロックサイズ}\times\text{連想度}\times\text{セット数}$$

である．今，キャッシュ容量 64 KB，ブロックサイズ 2 語 (8 B)，連想度 2 であるから，セット数は，$64\text{ K}\div(8\times2)=4\text{ K}$ 個である．$4\text{ K}=2^{12}$ だから，アドレス指定内のセット指定のためのセット部は 12 ビットとなる．主記憶内の語を指定するために必要なビット数は 26 だから，ブロックフレームが所望の主記憶ブロックかどうかを判別するためには，

$$26-12(\text{セット指定})-1(\text{ブロック内オフセット})=13\text{ ビット}$$

が必要である．これがアドレス指定におけるタグである．

　タグとセットをあわせた上位 25 ビットによりブロック番号が指定される．タグはブロック番号の上位 13 ビット，セットはブロック番号の下位 12 ビットを占める．

　セット番号 i の主記憶ブロックは，キャッシュ内のセット番号 i の N 個 (図 8.2 の例では $N=2$) のブロックフレームのどれかに転送・格納される．

　主記憶内全ブロック数は $256\text{ M}\div8=2^{25}$ 個，セット総数は 4 K 個だから，各セットに対応する主記憶ブロック数は，$2^{25}\div 4\text{ K}(2^{12})=8\text{ K}$ 個となる．よって，この例の場合，あるセット番号 i に対応する主記憶内の 8 K 個の各ブロックは，キャッシュ内のセット番号 i に対応する 2 個のブロックフレームのどちらかに転送・格納される．つまりこの場合，8 K 対 2 の対応となる．

　セットアソシアティブでは，連想度 N を増加させればセット番号 i に対応するブロックフレーム数が増加するから，同じセット番号 i に対応する主記憶ブロック間での競合(同じ時期にアクセスされることによる競合)確率は低下する．よって N を増加させればヒット率を向上できるが，タグが一致するかどうかを並列に比較・一致検出するためのコスト(回路，時間)が増加してしまう．N(連想度)は 2 から 16 程度のもの，つまり 2 ウェイから 16 ウェイ程度が多い．

(4) ディレクトリ部

　キャッシュ内のタグ関連情報はディレクトリともいわれ，主記憶ブロック番号の上位ビットを示すタグのほか，有効/無効ビット[*4]，ダーティビット(ライトバック方式(8.2.5 項参照)のとき)，置き換えのための情報ビットなどの各種制御情報ビットが付随している．図 8.2 のキャッシュ内ディレクトリ部では，主記憶

[*4] 単に有効ビット(validity bit, valid bit)ともいわれる．

ブロック番号の上位 13 ビットを示すタグのみであり，各種制御情報ビットは省略してある．

図 8.2 において，セット番号 i に対応するメモリ部内ブロックフレームの〈block k〉は，ブロック番号 k のブロック（2 語からなる）が収納されていることを示す．一方セット番号 i に対応するディレクトリ部内タグの〈k 25-13〉は，ブロック番号 k の上位 13 ビット（すなわちタグ）が収納されていることを示す．i，k，〈k 25-13〉の関係は，

$$k = 2^{12} \times \langle k\ 25\text{-}13 \rangle + i$$

である．2^{12} はセット総数である．2^{12} を掛けるということは，12 ビット左シフトと同等であり，13 ビットのタグをビット 25～ビット 13 に設定していることになる．

（5） キャッシュアクセス

キャッシュアクセスが読み出しのとき，アドレス指定された語（必要とする語）を含むブロックがキャッシュ内にあるかどうかの検索は以下の手順による．ここでは簡単のため，読み出しにのみ限定して説明を進める．

【手順 1】 アドレス指定のセット部（インデックス部ともいう）によりセット番号を求める．

【手順 2】 そのセット番号によりディレクトリ部とメモリ部に同時にアクセスする．（手順 2A）と（手順 2B）は並列実行される．

（手順 2A） ディレクトリ部ではディレクトリ部内のタグ部とアドレス指定の上位ビットのタグ部を比較し，どのタグが一致したかを検出する．これによりブロックフレームが選択される．この比較はセット内全連想度にわたり並列に実行される（図 8.2 では，二つの比較一致検出回路で並列に実行される）．

① 一致した場合は【手順 3】へ．

② 一致しなければミスであり，所望のブロックはこのセットすなわちキャッシュ内に存在しない．この場合，主記憶に存在する所望のブロックを主記憶からキャッシュに転送・格納する処理がハードウェアにより実行される．

③ タグどうしを比較するとき，タグ関連情報内の有効ビット[5] が 0（無効）ならばミスとなる．この場合，ハードウェアにより所望のブロックが主記憶からキャッシュブロックフレームへ転送・格納され，ディレクトリ部内のそのブロックフレームに対応する有効ビットが 1（有効）にされる．

---

[5] 図 8.2 では省略してある．

（手順2B）メモリ部では，セット番号とアドレス指定のブロック内オフセットにより，該当するブロックフレーム内の候補となる語を求める．

【手順3】ディレクトリ部におけるタグ部の比較一致結果を用いて，メモリ部からのブロックフレーム内語候補の中から，求める語を選択し，CPUへ転送する．

8.2.3 ダイレクトマップ方式

主記憶のアドレスからキャッシュのアドレスへのマッピング方式の一つ，言葉を変えればキャッシュ内のブロック配置法の一つであるダイレクトマップ(direct mapping)方式は，1ウェイ(連想度1)のセットアソシアティブ方式とみなすことができる．

$$キャッシュ容量＝ブロックサイズ×連想度×セット数$$

で，連想度1だからセット数は2^{13}(8 K)個である*6．ダイレクトマップ方式は1ウェイなのでセット数＝キャッシュ内ブロックフレーム数＝2^{13}である．主記憶ブロック番号iが決まれば，キャッシュ内セット番号jは，

$$j = i \bmod 2^{13} \quad (\text{modは剰余演算})$$

で一意に決まる．セット内にはブロックフレームは一つしかないから，セット番号が決まればブロックフレームも決まってしまう．つまり主記憶内の各ブロックがキャッシュ内のどのブロックフレームに置かれるかは固定的である．このように，ダイレクトマップ方式では主記憶ブロックはキャッシュ内の決まったブロックフレームに配置されるからマッピングが簡単であり，ハードウェアもシンプルで，キャッシュアクセス時間も短い．しかし特定のセット番号に対応する複数の主記憶ブロック(この例の場合，$i \bmod 2^{13}$が等しくなる複数の主記憶ブロック)へのアクセスが頻繁に起こった場合，追い出される，すなわち置き換え対象となるキャッシュブロックフレームが1個であるため，そのブロックフレームの追い出しが頻繁に起こり，ヒット率が低下してしまう．ダイレクトマップ方式では，主記憶ブロックとキャッシュブロックフレームの置き換え位置関係が固定のため，キャッシュ内の他のセット(ブロックフレーム)が空いていてもそれを利用することはできないため，キャッシュの使用効率は低くなる．

---

*6 今，キャッシュ容量64 KB(2^{16}B)，1ブロック2語(8 B)としている．

8.2.4 フルアソシアティブ方式

マッピング方式すなわちキャッシュ内のブロック配置法の一つであるフルアソシアティブ(fully associative mapping)方式は，セット数1のセットアソシアティブ方式とみなすことができる．セットは一つしかないから，主記憶内のブロックをキャッシュ内のどのブロックフレームにも置くことができ，主記憶とキャッシュのマッピングの自由度は大きく，キャッシュの使用効率も高い．この方式ではセット数は1だからキャッシュ内ディレクトリ部のタグ部には主記憶ブロック番号を指定するために必要な全ビットが保持される．そしてキャッシュ内で所望のブロックフレームを発見するためにはキャッシュ内の全連想度に関して，並列にタグどうしの比較一致検出を実行しなければならない．この例の場合でも，キャッシュ容量64 KB(2^{16}B)，ブロックサイズ2語(8 B)で，

キャッシュ容量＝ブロックサイズ×連想度×セット数

だから，連想度数は8Kにもなってしまう．このように，フルアソシアティブでは比較一致のためのハードウェアが大規模，複雑化し，比較一致検出時間つまりアクセス時間も増大する．キャッシュ容量が少ない場合を別として，フルアソシアティブは現実的なマッピング方式とはいえない．

8.2.5 主記憶への書き込みと置き換えアルゴリズム
（1） 主記憶への書き込み

これまでは簡単のためキャッシュアクセスが読み出し（たとえばロード命令）の場合について述べてきたが，本項では，キャッシュアクセスが書き込みの場合について説明する．

あるキャッシュブロックフレームに書き込み（たとえばストア命令）をすると，そのままではキャッシュ内ブロックフレームの内容と対応する主記憶内のブロックの内容とが異なってしまう．よって読み出しだけでなく，書き込みもありにした場合，キャッシュの内容と主記憶の内容との一貫性（整合性，コヒーレンシ）をとるための処理，一貫性制御が必要になる．これには二つの方式がある．

a．ライトスルー(write through)　　ストアスルー，ストアイミディエイトともいわれる．CPUがキャッシュに書き込み操作を行うときに，書き込み対象ブロックフレームがキャッシュ内に存在した場合（ヒット），キャッシュブロックフレームに書き込むと同時に対応する主記憶にも書き込んでしまう．ミスの場合は，通常は置き換えをせずに対応する主記憶のみに書き込む（ノーライトアロケート，no write allocate）．主記憶には常に最新のデータが存在している．ライ

トスルーでは読み出しミスが起こったとき，キャッシュから追い出すブロックフレームの内容を主記憶に書き込む(書き戻す)必要はない．CPU がキャッシュに書き込む速度は主記憶に書き込む速度より速いので，CPU と主記憶の間に書き込みバッファを設け，CPU が主記憶への書き込み完了を待たなくてよいようにする．キャッシュの内容と主記憶の内容との一貫性制御が次に説明するライトバックに比べ単純である．

b．ライトバック(write back)　ストアイン，ライトイン，コピーバック，ストアバックともいわれる．タグ関連情報として有効ビット以外にダーティビット(変更ビットともいう)を設ける．CPU がキャッシュに書き込み操作を行うとき，ヒットした(書き込み対象ブロックフレームがキャッシュ内に存在した)場合には，キャッシュに書き込み，ダーティビットを1に設定するが，この時点では対応する主記憶には書き込まない．ミスした場合には，通常は，置き換えを行った後にキャッシュに書き込み，ダーティビットを1に設定するが，対応する主記憶には書き込まない(ライトアロケート，write allocate)．このようにキャッシュへの書き込み操作があった場合，ライトバックでは，キャッシュの内容と主記憶の内容が異なる，つまり一貫性が失われている．ライトバックでは，あるキャッシュブロックフレームが置き換えの対象となり，その内容を追い出すときに，ダーティビットが1ならば主記憶に書き込む(書き戻す)．キャッシュに複数回書き込みをしても主記憶に書き込む(書き戻す)のは一度でよい．CPU の主記憶アクセス速度がキャッシュアクセス速度に比較し，遅くなっていくとライトバックが有利になる．主記憶への書き込みはブロック単位で実行されるのでライトスルーより転送効率がよい．ただしライトスルーに比べ一貫性制御が複雑になる．

ライトスルー，ライトバックにはそれぞれ長所，短所があり，キャッシュの場合，どちらがよいかは一概にはいえない．

（2）置き換えアルゴリズム

ダイレクトマップ方式以外では，主記憶内のブロックをキャッシュ内のブロックフレームに転送・格納する際に，複数のキャッシュ内ブロックフレーム候補がある．そこで，主記憶から新たにブロックを転送・格納するとき，セット内が満杯なら，候補となるブロックフレームのどれかを選択し，それを追い出さねばならない．ここでは追い出すブロックフレームを決定するいくつかのブロック置き換えアルゴリズムについて説明する．キャッシュにおけるこの置き換えはハードウェアによって実現される．なお，セット内が満杯でない，つまりセット内にタグ関連情報内有効ビットが無効になっているブロックフレームがまだあれば，そ

れが置き換え対象となる．

　a．**ランダム**　　置き換え候補のブロックフレームの中から，適当(乱数，擬似乱数を用いる)に一つを選択する．

　b．**FIFO**(first-in first-out)　　最も過去から存在するブロックフレームを選択し，置き換える．N ウェイセットアソシアティブの場合，N 個の連想度を順番に選択していけば FIFO となる．

　c．**LFU**(least frequently used)　　最もアクセス回数の少ないブロックフレームを選択し，置き換える．正確なアクセス回数履歴をとるためにはセット内ブロックフレームの個数に応じた記録ビットを必要とする．

　d．**LRU**(least recently used)　　最も過去にアクセスされたブロックフレームを選択し，置き換える．これはアクセスの時間的局所性を利用した方式である．このためにタグ関連情報内にアクセスの新旧履歴を記すためのビットを設ける必要がある．たとえば 4 ウェイセットアソシアティブの場合，各セットのブロックフレームは 4 個だから記録用に 2 ビットを用意し，アクセスがあるたびに記録を更新する．連想度が増加すると，この記録更新のためのハードウェアも複雑になっていくため，連想度が 2 とか 4 といった小さな連想度向きである．

　e．**近似的 LRU，近似的 LFU**　　正確な履歴はとれないが，記録ビットを少なくし，ハードウェアの単純化を図った近似的 LRU，近似的 LFU も考案されている．たとえば，各ブロックフレームに 1 ビットの使用ビット(参照ビットともいう)を設け，アクセスがあるとそれを 1 にする．あるセットの全ブロックフレームの使用ビットが 1 になると，あるいは一定時間ごとに，全使用ビットを 0 にリセットする．置き換えは使用ビットが 0 のものの中から適当に一つ選択する．

　実際にはキャッシュ容量が大きくなるにつれて，これらの置き換えアルゴリズムの間でのミス率に大きな差がなくなってくるので，ハードウェアが単純な方式が採用されている．

8.3　仮想記憶方式

　前節のキャッシュ方式は命令やデータへの高速アクセス技法である．一つのプログラムの一部がキャッシュに格納され，必要に応じてキャッシュと主記憶との間で命令やデータが転送され，ハードウェアで実現されていた．

　一方，仮想記憶方式(以下，仮想記憶と略す)は命令やデータへの高速アクセス

技法かつメモリ容量拡大・メモリ共用容易化技法である．複数のプログラムの各一部が主記憶に格納され，主記憶[*7]と2次記憶[*8]との間で必要に応じて命令やデータが転送され，その管理，制御は主にオペレーティングシステム(OS)が担当している．主記憶と2次記憶との間の命令やデータの入れ替え単位，すなわちプログラムの分割単位として，固定長ブロックを採用するページ方式，可変長ブロックを採用するセグメント方式，これらを組み合わせたページ化セグメント方式がある．

本節では，仮想アドレスと物理アドレス，プログラムの分割単位，アドレス変換の高速化，キャッシュ方式との関係，仮想記憶の効果について説明する．

8.3.1 仮想アドレスと物理アドレス

仮想記憶では，命令やデータの格納場所としてCPUが指定可能なアドレス空間を仮想アドレス空間あるいは論理アドレス空間という．仮想アドレス空間は実際にコンピュータに搭載されている主記憶容量以上であってもかまわない．一方，主記憶内で実際に指定できるアドレス空間を物理アドレス空間あるいは実アドレス空間という[*9]．

仮想記憶では，主記憶と2次記憶との間で命令やデータの入れ替えが起こる．具体的には，命令やデータの一部分が主記憶に格納され，残りは2次記憶内に格納されており，プログラム実行中に，必要な命令やデータは2次記憶から主記憶に転送され，主記憶に収容しきれなくなった命令やデータが主記憶から2次記憶に転送される．主記憶と2次記憶との間の転送のためには，仮想アドレス空間と，それより小さい物理アドレス空間との対応をとる，つまり仮想アドレスから物理アドレスへの変換をする必要がある．これをアドレスマッピングあるいはアドレス変換という．これについては次項のプログラム分割単位において説明する．

8.3.2 プログラムの分割単位

主記憶と2次記憶との間の命令やデータの入れ替え単位，すなわちプログラムの分割単位で分類した3種類の方式，ページ方式，セグメント方式，ページ化セ

[*7] 主としてDRAM(dynamic random access memoryの略)で構成される．DRAMは随時読み出し・書き込み可能な半導体メモリであり，一定時間ごとに記憶内容を再書き込み(リフレッシュという)する必要がある．
[*8] 補助記憶あるいは外部記憶ともいわれる．主として磁気ディスク．
[*9] 主記憶を物理メモリ，あるいは実メモリともいう．

グメント方式について，ページ方式を軸に説明する．

（１） ページ方式

ページ方式(paging, ページング方式ともいう)はキャッシュ方式と似ているから，前節のキャッシュ方式を理解していれば，以下のページ方式の理解は容易である[*10]．キャッシュ方式のキャッシュはページ方式の主記憶に，キャッシュ方式の主記憶はページ方式の2次記憶に対応している．ただキャッシュ方式とページ方式の異なる点の一つに用語がある．すなわち，キャッシュ方式でのブロックは仮想記憶ではページと呼ばれ，キャッシュ方式でのミスは仮想記憶ではページフォールト(page fault)あるいはページエラー(page error)と呼ばれる．

a．ページ 　ページ方式では，主記憶と2次記憶との命令やデータの入れ替え単位は固定長のページ単位である．よって仮想アドレス空間も物理アドレス空間も固定長ページ単位に分割される．ページサイズは 4 KB から 256 KB 程度で，年々大きくなる傾向にある．

b．アドレス指定 　仮想アドレスは，仮想ページ番号(virtual page number，論理ページ番号ともいう)とページ内オフセット(page offset, ページ内変位ともいう)からなる(図 8.3)．物理アドレスは物理ページ番号(physical page number)[*11]とページ内オフセットからなる．

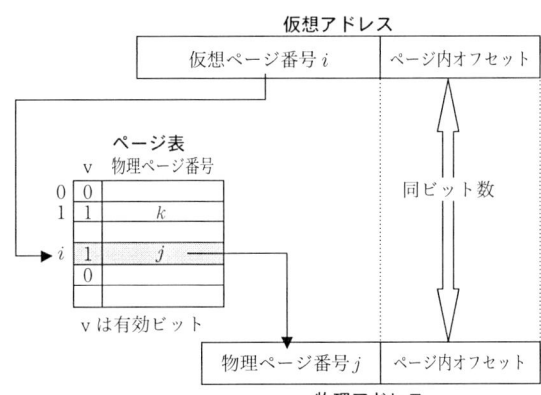

図 8.3 ページ方式：ページ表による仮想アドレスから物理アドレスへの変換
ページ表内の有効ビット以外の制御用ビットは省略．

[*10] まずはキャッシュ方式を理解しよう！
[*11] 主記憶内のページはページ枠あるいはページフレームといわれるので，物理ページ番号を物理フレーム番号(physical frame number)ということも多い．

仮想アドレス空間は通常，物理アドレス空間より広いから，仮想ページ番号フィールドは物理ページ番号フィールドよりビット数が多い．一方，仮想アドレス空間でも物理アドレス空間でもページサイズは同一固定長だから，ページ内の位置を示すページ内オフセットのビット数は，仮想アドレスでも物理アドレスでも同じである．よってこのオフセットはアドレス変換の対象にならない，つまりそのままである．

CPUによるアドレス指定が32ビットのとき，最大4GBの仮想アドレス空間を指定できるが，主記憶(物理メモリ)の容量は年々増加している．主記憶4GBというのがきわめて大きな主記憶容量というわけではないという日もそう遠くはないだろう．そうなると，仮想アドレス空間の広さ＝物理アドレス空間の広さ，となってしまう．そのときには仮想アドレス空間を拡張すべく，CPUによるアドレス指定は32ビットから64ビットへと移行していくことになる．

c．ページ表　仮想ページ番号から物理ページ番号への変換には主記憶内に置かれたページ表(ページテーブル)を用いる(図8.3)．ページ表の各行(エントリ)は仮想ページ番号に対応しており，有効ビット，ダーティビットなどの制御用ビットと物理ページ番号が格納されている．有効ビットは，そのページが主記憶内にあるかないかを示し，あれば1である．ダーティビットは書き込みがあったかどうかを示すビットで，あれば1である．

通常，各プログラム(プロセス)に対して独立した仮想空間を管理するページ表を割り当て，プロセス切り替えに伴ってページ表を切り替える(多重仮想記憶方式)．すべてのプロセスはそれぞれ独自のページ表をもつことになるが，そのままでは主記憶を食いすぎるのでページ表の記憶容量を削減する各種の方式が考案されている．

d．アドレス変換　仮想アドレスから物理アドレスへの変換手順は以下のようである．

【手順1】仮想アドレス内の仮想ページ番号によりページ表にアクセスする．

【手順2】
　①有効ビットが1ならばこのページは主記憶内にある．この場合，ページ表内の物理ページ番号と仮想アドレス内のページ内オフセットから，物理アドレスが求まる．
　②有効ビットが0ならばページフォールトとなり，制御がOS(オペレーティングシステム)の記憶管理へと移る．

e．ページフォールト　ページフォールトが発生すると，OSは2次記憶の

中から所望のページを見つけ，それを主記憶に転送・格納する．主記憶に空きがないときは，OS は置き換えアルゴリズム(LRU アルゴリズムなど)により，優先度の低いページを主記憶から 2 次記憶へと追い出してから，そこへ 2 次記憶から所望のページを転送・格納する．主記憶へのアクセスに比べ 2 次記憶へのアクセスははるかに時間がかかるので，ページフォールトが起こったときのコスト(ミスペナルティ)は大きい．よって，ページフォールトを避けるために，空間的局所性を利用すべくページサイズを大きくする[*12]，ページ表をフルアソシアティブ方式にして配置の自由度を大きくする，置き換えアルゴリズムを工夫するといった手立てを講じる．

f．書き込み　　主記憶と 2 次記憶のアクセス時間の差はきわめて大きいので，書き込みに関する一貫性制御方式としてはライトバックが採用される．ライトバックの場合，主記憶への書き込みがあったとき，ページ表内のダーティビットが 1 に設定される．ダーティビットの値により，書き込みがあった場合だけ，置き換え時に主記憶の内容を 2 次記憶に書き戻す．ライトバックの採用は(2)以降で説明するセグメント方式，ページ化セグメント方式も同様である．

ページ方式の長所は，ページサイズが固定長なのでページの置き換えが容易なこと，適切なページサイズの設定により 2 次記憶と主記憶との間の効率的転送が図れることである．

（2）セグメント方式 (segmentation)

セグメンテーションともいう．大きさが可変のブロック(ページ)をセグメントという．仮想アドレスは，セグメント番号とセグメント内オフセット(変位)からなる．この方式ではセグメントごとにアドレス空間が対応しており，セグメント長が可変なので，仮想アドレスをセグメント番号とセグメント内オフセットの 2 語に分けて指定することになる．このためセグメント方式は 2 次元アドレスであるといわれる．一方，ページ方式での仮想アドレスにおけるページ番号とページ内オフセットは一体であり 1 語で表現できるため 1 次元アドレスといわれる．

仮想アドレスから物理アドレスへの変換には主記憶内のセグメント表(セグメントテーブル)を用いる．セグメント表の各行(エントリ)には，セグメントの先頭の物理アドレス(セグメントベースアドレス)，セグメントサイズ，そのセグメントが物理メモリ上にあるかないかを示す有効ビット，アクセスの可・不可を示すためのビットなどの制御ビットが収納されている．

[*12]　ただし大きくしすぎるとページ内の未使用領域が増大してしまう．

仮想アドレスを物理アドレスに変換するには，仮想アドレスのセグメント番号によりセグメント表にアクセスし，有効ビットが1ならばセグメントベースアドレスとセグメント内オフセットから物理アドレスを求め，そこにアクセスする．有効ビットが0ならばセグメントエラーとなり制御がOSの記憶管理に移る．OSは主記憶内の使用可能な空いた場所を探し，なければ優先順位の低いセグメントを2次記憶に追い出し，所望のセグメントを主記憶に転送・格納し，セグメント表を更新する．追い出されるセグメントはLRUアルゴリズムなどにより選択される．

セグメント長が可変だから，アドレス変換時にはセグメント内オフセットがセグメント内に収まっているかどうかを調べるための境界チェックが必要となる．境界チェックは，仮想アドレスのセグメント内オフセットとセグメントサイズとの比較であり，セグメントサイズのほうが小さい場合は，オフセットは境界を越えているので，セグメントエラーとなる．セグメントエラーが起こった場合，それに対処するために制御がOSの記憶管理に移る．

セグメント方式の長所はセグメント単位のメモリ共用の促進と保護の強化である．欠点は，アドレスをセグメント番号とオフセットの二つで2次元指定しなければならないこと，可変長のためセグメントの入れ替えが難しいことである．

（3） ページ化セグメント方式

ページ方式とセグメント方式を組み合わせたページ化セグメント方式(paged segmentation)がある．この方式では，可変長であるセグメントはさらに固定長のページに分割される．仮想アドレスは，セグメント番号，セグメント内ページ番号，ページ内オフセットから構成される．ページ化セグメント方式は，ページ方式とセグメント方式の長所を兼ね備えている．

8.3.3 アドレス変換の高速化

ある仮想ページ番号を物理ページ番号に変換したときは，時間的局所性と空間的局所性により，そのページ内の命令やデータへのアクセスがまもなく，かつ再度起こる可能性が高い．つまり同じ仮想ページ番号の変換がまもなく再度要求される可能性が高い．そこで，これを活用するために，アドレス変換履歴に基づいて最近アクセスされた仮想ページ番号とそれに対応する物理ページ番号を格納しておくアドレス変換バッファ(TLB：translation look-aside buffer)を設置し，アドレス変換の高速化を図る．TLB容量はページ表容量より小さく，主記憶内にあるページ表のサブセットを格納している．高速小容量なTLBはいわば主記

憶内のページ表にとってのキャッシュである．

　主記憶アクセスの際には主記憶内のページ表ではなく，まず TLB を参照する．もし TLB を設置しなければ，主記憶内のページ表により仮想アドレスを物理アドレスに変換するときと，その物理アドレスをもとに主記憶内の命令やデータにアクセスするときと，二度主記憶にアクセスしなければならない．しかしTLB の設置によりこれが一度になる．TLB の各行（エントリ）は，仮想ページ番号に対応しており，有効ビット，ダーティビットなどの制御用ビットと物理ページ番号が格納される．

　アドレス変換手順は以下のようである．

【手順1】　まず仮想ページ番号により TLB にアクセスする．

　（手順2.1）　TLB ヒットの場合：　仮想ページ番号が TLB に登録されていれば，エントリ内の物理ページ番号により物理アドレスを得ることができる．

　（手順2.2）　TLB ミスの場合：　仮想ページ番号が TLB に登録されていなければ，主記憶内のページ表にアクセスする．

　① ページ表内に該当仮想ページ番号と対応する物理ページ番号があれば，それらアドレス変換情報を TLB に転送・格納し，これを用いて物理アドレスを得る．

　② ページ表内に，該当仮想ページ番号と対応する物理ページ番号がなければ，ページフォールトが発生し，制御が OS の記憶管理に移る．

　TLB ミスが発生し，アドレス変換情報を TLB に転送する際には，置き換えアルゴリズムに基づき TLB 内の行（エントリ）を置き換える必要が出てくる．TLB のエントリ数は 32～4 K 個程度であり，そのアドレスマッピング方式には，フルアソシアティブ方式（小容量の場合），セットアソシアティブ方式が採用されている．

8.3.4　キャッシュとの関係

　現代のコンピュータは，記憶階層としてキャッシュと仮想記憶の双方を採用している．それでは，キャッシュ，仮想記憶(TLB)の関係はどうなっているのだろうか．また，CPU は仮想アドレスにより命令やデータを指定するが，その仮想アドレス指定は，どのようにして物理アドレスに変換され，記憶階層内のどこかにある所望の命令やデータを得ることができるのだろうか．これらについて説明する．

　まず，CPU からのアドレス指定は，図 8.4 上部の仮想アドレスである．図を

8. 記憶階層

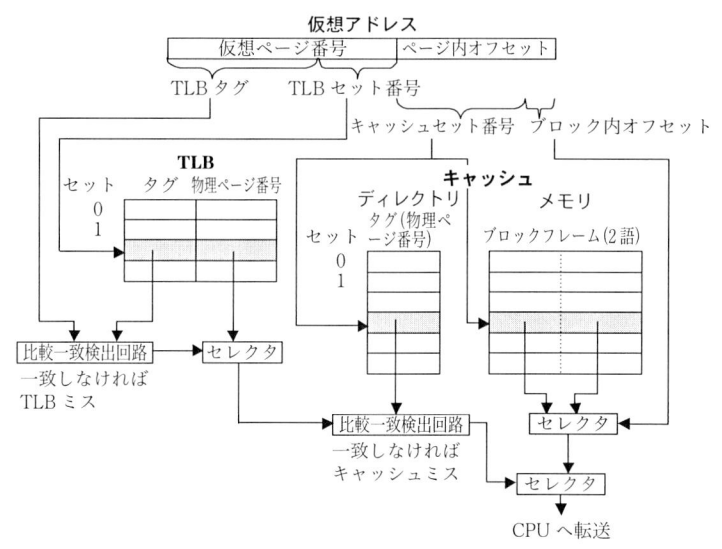

図 8.4 仮想アドレスと TLB, キャッシュの関係

簡単にするため，TLB，キャッシュはダイレクトマップ方式とし，1ブロックフレーム2語(8 B)とした．TLB内の制御用ビット(有効ビット，ダーティビットなど)は省略した．主記憶と2次記憶の入れ替え単位はページ方式である．

図8.4は物理インデックス・物理タグ方式によるアドレス変換である．この方式はキャッシュセット番号(キャッシュセットインデックス)とブロック内オフセットの合計ビット数が，仮想アドレスのページ内オフセットのビット数を超えない場合である．この場合キャッシュセット番号は，アドレス変換の対象とならないページ内オフセットの中に収まるのでTLBにより変換を受けない．つまりキャッシュセット番号は物理インデックスである．たとえばページサイズが4 KB (2^{12}B)ならば，キャッシュセット番号とブロック内オフセットを10ビット以内(バイトオフセットを含めれば12ビット以内)に収めればよいわけである[13]．物理インデックスによりキャッシュのディレクトリ部の物理タグを得ることができる．

仮想アドレスの仮想ページ番号はTLBタグとTLBセット番号に分割される．

---

[13] キャッシュセット番号(キャッシュセットインデックス)とブロック内オフセットの合計ビット数が仮想アドレスのページ内オフセットのビット数を超えた場合は，仮想インデックス・物理タグ方式によるアドレス変換となる．キャッシュ容量，セット数，連想度をページサイズと独立に決める場合などで，キャッシュセット番号の上位ビットが仮想ページ番号フィールドに食い込んでしまい，キャッシュセット番号がTLBにより変換されてしまう．

そしてTLBセット番号とTLBタグを用いて物理ページ番号を得る[*14]．比較一致に失敗したときはTLBミスの処理をする．次にTLB出力の物理ページ番号とキャッシュのディレクトリ部の物理タグ(物理ページ番号)との比較を実行する．一致すれば，キャッシュセット番号とブロック内オフセットにより選択したキャッシュのメモリ部内の所望の語(命令やデータ)をCPUへ転送する．一致しなければキャッシュミスの処理をする．

8.3.5　仮想記憶の効果

　仮想記憶により実現された効果は一言でいえば，メモリ共用の容易化と十分なメモリ確保である．以下，それらについて説明する．

（1）　メモリ共用の容易化

　仮想記憶により複数プログラムによる主記憶(物理メモリ)共用が可能となった．プログラム実行時に仮想アドレスから物理アドレスへの変換が可能であるから，主記憶内に使用可能な領域があれば，プログラムを実行時に主記憶内のどこへでも再配置することが可能になった．これを動的再配置(dynamic relocation)といい，主記憶共用が促進されるとともに，主記憶容量が変わってもプログラムの変更は不要となった．複数プログラムが存在し，主記憶を共用しているから，あるプログラムが他プログラムの主記憶領域に不正アクセスできないようOSによる記憶保護機構が組み込まれている．

（2）　十分なメモリ確保

　複数のプログラムをコンピュータ上で並行に走行させようとすると，各プログラムが必要とする主記憶容量の合計が実際の主記憶容量をオーバーしてしまう．あるいは一つのプログラムでも主記憶容量以上の記憶領域を必要とすることがある．仮想記憶の導入により，ユーザはプログラムを走行させるコンピュータの主記憶容量や主記憶内アドレスの連続性を気にしないでプログラミングすることが可能になった．

　かつてはオーバーレイといって，ユーザが自らの責任で，プログラムをいくつかの部分に分割し，必要に応じて各部分を2次記憶から主記憶の共用場所に交替で割り付けるようにしていた．仮想記憶によりOSがその負荷を担ってくれるようになり，オーバーレイの必要はなくなった．

　まとめれば，仮想記憶により，プログラム実行に必要な命令やデータがすべて

[*14] キャッシュ方式，仮想記憶のページ方式，アドレス変換の高速化を理解していれば類推できる．

主記憶内に格納されていなくてもプログラム実行を開始できる．すなわちプログラムの実行開始までの時間を短縮することができる．また，局所性原理(時間的局所性と空間的局所性)を利用して，アクセスする可能性の高い命令やデータをCPUにより近い主記憶に格納することにより，命令やデータへの高速アクセスが実現された．これらはCPUと記憶装置とのパイプを実質的に太くすることに相当し，仮想記憶はフォン・ノイマン・ボトルネック緩和に役立っているといえる．

9

入　出　力

　ノイマン型コンピュータの図1.2における入出力部(入力装置，出力装置)に関して説明する．読者が使用しているコンピュータ，主としてパソコンの入力装置としては，キーボードからの文字入力，マウスからの位置入力，スキャナやデジタルカメラからの画像入力，マイクからの音声入力などがあり，出力装置としては，ディスプレイ，プリンタ，スピーカなどがある．これら以外に我々の目には直接見えないが，磁気ディスクなどの2次記憶装置も主記憶との間でデータをやり取りするので入出力装置と考えることができる．なお通常の入出力装置と2次記憶装置を合わせて周辺装置という場合も多い．この場合，これから説明する入出力はCPUと周辺装置との間の入出力ということになる．

　以下，コンピュータにおける入出力の実行に関して重要な入出力インタフェースと入出力制御について説明する．

9.1 入出力インタフェース

　入出力インタフェースにはシリアル(直列)データ伝送インタフェースとパラレル(並列)データ伝送インタフェースがある．その名のとおり，パラレルは複数の信号線を用いて複数ビットを同時並列に伝送し，シリアルは1本の信号線を用いて1ビットずつ順に直列伝送する．パラレルは同時に多くのデータを伝送できるが，ケーブルは多芯のため太くかつ高価なものとなり，コネクタも幅広のものとなる．

9.1.1 シリアルインタフェース

　シリアルインタフェースには，RS-232C，USB，IEEE1394などがある．
(1) RS-232C
　米国EIA(Electronic Industries Association，電子工業会)により規格化され

た．パソコンに最も古くから装備されているシリアルインタフェースであり，伝送速度は 10 Kbps[*1] 以下から 100 Kbps～200 Kbps 程度であり，モデムなどの低速の入出力機器向けである．

（2） USB

インテル社が中心となって提唱し，当初は，キーボード，マウスなどの低速機器の接続用であった．USB(universal serial bus)ハブを使用して最大 5 段の多段接続が可能であり，最大 127 台(USB ハブを含む)の USB 入出力機器を接続することができる．ケーブル最大長は 5 m である．USB 入出力機器へ 5 V，最大 500 mA の電源を供給できる．伝送速度は USB 1.1 では 1.5 Mbps から 12 Mbps であり，プリンタ，スキャナ，デジタルカメラも接続可能である．磁気ディスクなどの高速入出力機器にも対応可能なように USB 2.0 では伝送速度が 480 Mbps に向上し，さらに 800 Mbps 以上の高速化が図られる予定である．

（3） IEEE1394

米国アップル社により開発された FireWire が，1995 年に IEEE 1394-1995 として規格化された．IEEE は米国の学会である．アップル社は FireWire という商標で呼び，ソニーは iLink という名称を使っている．最大 63 台の機器を接続することができ，1 本のケーブルの最大長は 4.5 m である．

高速機器向けのインタフェースであり，伝送速度 100 Mbps，200 Mbps，400 Mbps が規格化されており，それを超える 800 Mbps 以上のさらなる高速版も計画されている．

9.1.2 パラレルインタフェース

パラレルインタフェースにはセントロニクス，SCSI などがある．

（1） セントロニクス

米国セントロニクス・データ・コンピュータ社が自社製品のために開発した仕様であったが，多くのプリンタメーカがこの規格を採用したため，プリンタ接続のためのデファクトスタンダードとなった．1994 年に拡張仕様を取り入れ IEEE 1284 として規格化された．8 ビット並列伝送で，転送速度は 150 KB/sec 程度から拡張仕様で 8 MB/sec 程度である．

（2） SCSI(small computer system interface，スカジーと発音する)

1986 年に米国の標準化機関である ANSI(American National Standards

[*1] bit per second の略．

Institute)により規格化された．磁気ディスクなどのための高速インタフェースである．当初，5 MB/sec であったが，その後，SCSI-2 20 MB/sec，SCSI-3 160 MB/sec となり，さらに 320 MB/sec へと高速化を図り続けている．また，並列伝送幅も当初の 8 ビットだけでなく 16 ビット，32 ビットが登場し，接続できる機器も 8 台版だけでなく 16 台版，32 台版も登場している．

9.2 入出力制御

入出力は機械的な動作を伴うため，入出力命令は他の命令に比べ，その実行完了に多大な時間を要する．そのため，入出力命令の実行完了を CPU が待っている，すなわち入出力制御をすべて CPU が担当することはきわめて非効率である．そこで，CPU にとっての入出力制御の負荷を軽減する各種の方式が考案された．以下，それらについて説明する．

9.2.1 プログラム入出力方式

CPU 主導で，CPU と入出力装置との間のデータのやり取りを制御する方式がプログラム入出力(programmed I/O)方式である．プログラム入出力方式では，CPU と入出力装置との間に 1 バイトから 1 語程度のバッファを設け，このバッファを介して，CPU は入出力装置とデータのやり取りをする(図 9.1)．

CPU における出力命令の実行に際しては，CPU はバッファに必要なデータを格納した後，次の命令の実行に移る(バッファが満杯の場合，CPU は待たされる)．バッファからのデータ出力は主に出力装置が担当する．

入力に際しては，まず入力装置からのデータをバッファに先取りして格納しておき(バッファが満杯の場合，先取りはできない)，その後 CPU は入力命令実行時にバッファの内容を読み込む(バッファが空の場合，CPU は待たされる)．

バッファとして特別のレジスタを用意するのではなく主記憶の一部を利用する方式は，メモリマップ入出力(memory mapped I/O)方式と呼ばれる．

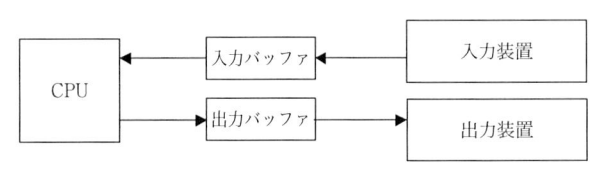

図 9.1 プログラム入出力方式

CPUと入出力装置との間の同期(バッファが空か満杯かといった入出力準備や入出力動作の完了などの確認)は,

① CPUが確認を実行し未完了の場合は待つ,あるいはCPUが状況を周期的に監視し,未完の間は他の処理を実行するという方式.

② 完了したらCPUに割込みをかけて完了を知らせる方式(こちらのほうがCPUの使用効率は高い)[*2].

がある.

プログラム入出力方式は,ハードウェアは簡単であるが,CPUが入出力制御に直接関与するため多量のCPU時間が消費される.また,データは1語程度の少量のバッファを介して転送されるため高速な入出力には追従していくことができない.

9.2.2 DMA方式

CPUの浪費を避け,高速な入出力に対処するため,DMA(direct memory access)方式では,CPUとは独立の入出力制御装置であるDMA装置を設け,それが主記憶と直接データのやり取りをする(図9.2).CPUはDMA装置に入出力を依頼し,DMA装置から割込みが来るまで,他の処理をすることができる.

DMA装置は主記憶と入出力装置との間に位置し,指定された語数分(ブロック単位:プリンタの1行分とか,フロッピーディスクの1セクタ分とか)のデータ転送を仲介する.

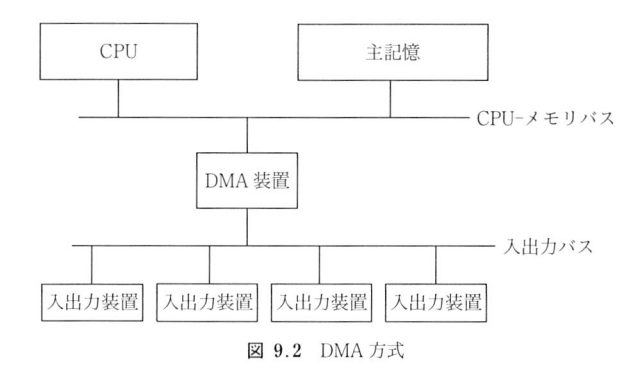

図 9.2 DMA方式

[*2] 割り込まれたCPUは実行中の処理を中断し,割込みの要因(この場合は入出力)の処理へと分岐する.その際,割り込まれる前の処理に復帰するためにプログラムカウンタをはじめとする各種状態を退避しておく.

主記憶に対しては，CPU と DMA 装置がともにアクセス可能となる．主記憶への DMA 装置のアクセス法としては次の 2 方式がある．

a．メモリスチール　DMA 装置が主記憶にアクセスするときには，DMA 装置が主記憶に要求を出し，主記憶が動作サイクルを DMA 装置に割り当てる．CPU は主記憶を奪われた形となるのでメモリスチールあるいはサイクルスチールといわれる．CPU との競合，つまり，CPU と DMA 装置が同時に主記憶にアクセスする場合は DMA 装置が優先される．

b．インターロック　DMA 装置が主記憶にアクセスするときには，DMA 装置がまず CPU に動作停止要求を送り，それを受け取った CPU が DMA 装置に主記憶へのアクセス権，すなわちバス使用権を与える方式である．メモリスチールに比べ制御は単純だが，バス使用効率は落ちる．

DMA 方式は入出力チャネル方式(次項参照)に比べ，機能も単純であり，ハードウェア量も少なくてすむ．

9.2.3　入出力チャネル方式

DMA 方式ではブロック単位のデータ転送毎に割込みが発生し，その都度 CPU は割込み処理のために CPU 時間を消費しなければならない．ブロック単位以上の一連のデータ転送の完了時に CPU と入出力装置との同期を取ることにより，これを回避できる．そのための方式が入出力チャネル(I/O channel)方式である．

この方式では CPU，主記憶と入出力装置との間に DMA 機能をもった入出力用の高機能専用装置である入出力チャネルを置き，それに入出力制御を担当させる(図 9.3)．

入出力チャネルは，CPU からの起動により，入出力動作が記述されているチ

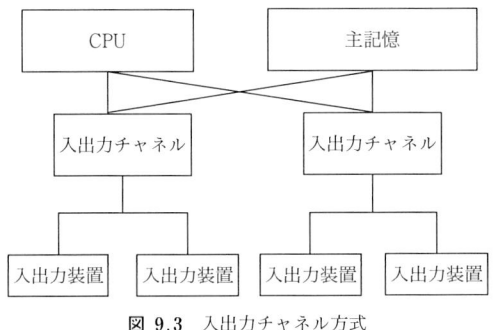

図 9.3　入出力チャネル方式

ャネルプログラム(入出力チャネルプログラム，入出力コマンドプログラムともいう．主記憶に置かれる)に従い，主記憶と入出力装置との間で一連のデータ転送を実行し，それが完了したときにCPUへ割込みをかける．1台の入出力チャネルには複数台の入出力装置を接続することが可能である．

　入出力チャネル方式には，セレクタチャネル，バイトマルチプレクサチャネル，ブロックマルチプレクサチャネルといった方式がある．セレクタチャネルは一時期，1台の入出力装置を独占的に動作させる．つまり一連の入出力が完了するまでその入出力チャネルに接続されたほかの入出力装置を使用できない．これは磁気ディスクのような高速な入出力装置のためのチャネルである．バイトマルチプレクサチャネル，ブロックマルチプレクサチャネルは，時分割で複数の入出力装置を同時動作させることができる．バイトマルチプレクサチャネルは1バイト単位のデータ転送ごとに，ブロックマルチプレクサチャネルは1ブロック単位のデータ転送ごとにチャネルを切り替える．バイトマルチプレクサチャネルは低速の入出力装置を多数接続し，同時動作させるのに適している．

付録 A　EDSAC のプログラミング

EDSAC におけるプログラムを 3 種類紹介する[*1]．EDSAC の演算部には，アキュムレータ，乗算レジスタ，B レジスタがあり，メモリは 1 語 17 ビットである．数値表現の場合，MSB(ビット 16)の右側，つまりビット 16 とビット 15 の間に小数点があると見なされる．MSB は符号ビットとして使用される．

本付録に関連するアセンブリ言語命令を表 A.1 に示す[*2]．Acc はアキュムレータである．

表 A.1　EDSAC 命令

構　文	演　算　内　容
A n	Acc の内容と n 番地の内容を加算し，結果を Acc に格納する．ニーモニック A に対応するオペコードはビット 16 からビット 12 に格納される．オペランドの n は数値として語内のビット 10 からビット 1 に格納される．
S n	Acc の内容から n 番地の内容を減算し，結果を Acc に格納する．
T n	Acc の内容を n 番地に転送・格納し，Acc をクリアする．
U n	Acc の内容を n 番地に転送・格納する．Acc の内容は保存する．
F n	n 番地に飛ぶ．
G n	Acc の内容が負ならば n 番地に飛ぶ．そうでなければ次の命令を実行する．
G n π	Acc の内容が負ならば Acc をクリアし，n 番地に飛ぶ．そうでなければ Acc の内容を保存したまま次の命令を実行する．
P n	この命令は EDSAC によって命令として解釈されるのではなく，この命令が置かれた番地に単に数値 n を置く．数値 n は 2^{-15} を単位とする．EDSAC では，LSB(ビット 0)が 2^{-16} であるから，たとえば，P 1 では，ビット 1 に 1 が立つ．
B m	B レジスタに数値 m を格納する．
B m S	B レジスタに数値 $-m$ を格納する．
BS m	B レジスタの内容を m だけ増加させる．
BS m S	B レジスタの内容を m だけ減少させる．
J n	B レジスタの内容がゼロでなければ n 番地に飛ぶ．ゼロならば次の命令を実行する．
K m	m 番地に命令 B p を格納する．p はそのときの B レジスタの内容である．
Z	プログラムの停止．

[*1]　ここでの EDSAC は[Wilkes]にて解説されている改良 EDSAC である．
[*2]　[Wilkes]ではアセンブリ言語という用語はまだ使用されていない．

[Wilkes]には30数種類の命令が掲載されており，表A.1の加減算，ロード命令，ストア命令，分岐命令，Bレジスタ関連命令，サブルーチン関連命令，コンピュータ停止命令以外に，乗算命令，論理命令，シフト命令，入出力命令もあった．除算のためのサブルーチン，合成命令もあった．Accは70ビットあり，17ビットの数値どうしの乗算結果を格納することができた．

A.1 プログラム可変法

例題は繰り返し演算である．プログラム可変法では，プログラムは，実行中にプログラム内の一部の命令を書き換えながら繰り返し演算を行う．250番地から299番地の各語に格納されている50個の数値をすべて足し合わす，可変法を用いたプログラムをプログラムA.1に示す．プログラムA.1は[Wilkes]に記載されているプログラムをベースにしている．

〔プログラム A.1〕

〈番地〉	〈内容〉	〈注釈〉
0	0	最初ゼロに初期化されているものとする．加算の中間結果が格納される．
1	A 300	300は繰り返しを止めたい番地．つまり，250番地の内容から299番地の内容までの50個の値を加算していって，300番地になったら止めたい．
2	P 1	定数1をセット．実際はビット1(2^{-15})に1が立っている．
……	……	
99	T	Accをクリアする．
100	A 0	Accの内容(ゼロ)と0番地の内容を加算し，結果をAccに格納する．つまり加算の中間結果をAccにセットする．
101	A 250	Accの内容(加算の中間結果)と250番地の内容を加算し，結果をAccに格納する．この250は最初だけで，繰り返すごとに1ずつ増加していく．つまり，この101番地の命令はプログラムの実行に伴い次々に書き換えられていく．
102	T 0	Accの内容(加算の中間結果)を0番地に格納し，Accの内容をクリアする．
103	A 101	Accの内容(ゼロ)と101番地の内容を加算し，結果をAccに格納．つまり，Accに101番地の内容を格納．
104	A 2	Accの内容(101番地の内容)に2番地の内容を加算し，結果をAccに格納．2番地の内容は定数1，つまりビット1に1が立っているだけ．よって命令Aのオペコード(ビット16からビット12)は影響を受けない．オペランド部分のみに1が加算される．
105	U 101	Accの内容を101番地に格納(Accの内容は保存)．この結果，101番地が書き換えられ，オペランド部が1増加した．この新たなオペランドが次に加算する数値が入っている番地である．
106	S 1	Accの内容から1番地の内容を減算し，結果をAccに格納．オペコード部は同じなので相殺され，オペランドに関する減算となる．

107	G 100	Accの内容が負ならば，Accをクリアし100番地へ飛ぶ．そうでない，つまり減算結果が0ということは，101番地の命令Aのオペランドが300となっているので，250番地の内容から299番地の内容までの50個の値の加算が完了した．よって次の命令へ行く．
108	Z	プログラムの停止．
……	……	
250	……	この番地から加算される数値が入っている．
……	……	
299	……	この番地まで加算される数値が入っている．

プログラム A.1 では繰り返しのたびに 101 番地が書き換えられる．プログラムの一部を書き換えながら演算を実行するというプログラム可変法を用いない場合は，たとえば 100 番地以降を次のようにする．

〈番地〉	〈内容〉	〈注釈〉
100	A 250	Accの内容(ゼロ)と250番地の内容を加算し，結果をAccに格納する．
101	A 251	Accの内容(加算の中間結果)と251番地の内容を加算し，結果をAccに格納する．
……	……	
149	A 299	Accの内容(加算の中間結果)と299番地の内容を加算し，結果をAccに格納する．
150	T 0	Accの内容(加算の最終結果)を0番地に格納し，Accの内容をクリアする．
151	Z	プログラムの停止．

プログラム A.1 と比較すればわかるように，このプログラムはメモリを多く必要とする．また加算したい数値が増加したとき，たとえば，300 番地から 349 番地の 50 個の数値をさらに加算したいときには，さらに 50 命令をプログラムに書き足さねばならなく，柔軟性に欠ける．プログラム A.1 では 1 番地のオペランドを 350 に書き換えるだけですむ．プログラムの任意の部分を書き換えながら演算を実行するという技法は強力であり，広く使用された．しかしプログラムが理解しにくい，プログラムが実行中に書き換わってしまうのでデバッグがしにくい，という欠点もあり，次節で説明するインデックスレジスタが考案され，それが使用されるようになった．ただし，現在においてもプログラム可変という特徴は，ノイマン型コンピュータの強力な潜在能力である．

A.2 Bレジスタ法

Bレジスタを使用してプログラム A.1 と同じ繰り返し演算を実現したのがプログラム A.2 である[*3]．Bレジスタを使用すると，命令のオペランドで指定された番地(アド

[*3] [Wilkes]には，Bレジスタはマンチェスター大学で考案され，Bラインと呼ばれた．またBレジスタは別名，インデックスレジスタあるいは修飾(modifier)レジスタとも呼ばれた，とある．

レス)をBレジスタの内容で修飾する，すなわちインデックス修飾による番地指定(アドレス指定)が可能となる．命令に文字Sを付加すると，それはインデックス修飾を意味する．この場合，(Bレジスタの内容＋オペランドのn)の番地が実効番地(実効アドレス)となる．たとえば次のようである．

  AS n (Bレジスタの内容＋n)の番地の内容 と Acc の内容を加算し，結果を Acc に格納する．

Bレジスタ(インデックスレジスタ)を用いたプログラムA.2はプログラムA.1に比べ，命令数も少なくなり，わかりやすくなっている．

〔プログラムA.2〕

〈番地〉	〈内容〉	〈注釈〉
0	0	最初ゼロに初期化されているものとする．加算の最終結果が格納される．
……	……	
99	T	Acc をクリアする．
100	B 50	Bレジスタに繰り返し数50をセット．
101	BS 1 S	Bレジスタの内容(残りの繰り返し数かつ250番地からの変位)を1減じる．
102	AS 250	(Bレジスタの内容＋250)番地の内容とAccの内容(加算の中間結果)を加算し，結果を Acc に格納する．
103	J 101	Bレジスタの内容が0でなければ101番地に飛ぶ．0ならば次の命令へ行く．
104	T 0	加算の最終結果であるAccの内容を0番地に格納し，Accの内容をクリアする．
105	Z	プログラムの停止．
……	……	
250	……	この番地から加算される数値が入っている．
……	……	
299	……	この番地まで加算される数値が入っている．

A.3 サブルーチン

サブルーチンの方式はEDSACで採用された方式が元祖となった．メインルーチンからサブルーチンの呼出しが可能であり，相対番地と言う概念もあった．Bレジスタを使用したクローズドBサブルーチンについて紹介する[*4]．

クローズドBサブルーチンはメインルーチンからジャンプ命令Fで呼出され，インデックスレジスタ修飾のジャンプ命令FSでメインルーチンに戻る．[Wilkes]から引用したメインルーチン例をプログラムA.3に，対応するサブルーチン例をプログラムA.4に示す．

[*4] 最初のEDSACで採用された，Bレジスタを使用しないサブルーチンもある．

〔プログラム A.3　メインルーチン例〕

〈番地〉	〈内容〉	〈注釈〉
p	B p	この命令のある番地pをBレジスタに格納する．
p+1	F q	q番地にあるサブルーチンに飛ぶ．ジャンプ命令である．
p+2	……	サブルーチンから戻ってきた最初の命令．

〔プログラム A.4　サブルーチン例〕

〈番地〉	〈内容〉	〈注釈〉
θ	K θ+r	Bレジスタの内容をpとすると，命令B pを(θ+r)番地に格納する．これはサブルーチン内でBレジスタを使用するかもしれないので，戻り番地に関係する番地pをサブルーチンの最後から2番目の番地に退避しているのである．
θ+1	……	サブルーチン内処理，たとえば三角関数などの演算の開始．
……	……	
θ+r-1	……	サブルーチン内処理の終了．
θ+r	B p	θ番地の命令により，ここに命令B pが置かれている．この命令によりBレジスタにpが復元される．
θ+r+1	FS 2	(Bレジスタの内容+2)番地に戻る．Bレジスタの内容はpだから，メインルーチンのp+2番地に戻ることになる．リンク命令である．

　この方式では，サブルーチンがさらにサブルーチンを呼出すことも可能である．ジャンプ命令直後や指定した番地を使用し，そこを経由してメインルーチンとサブルーチン間，サブルーチンとサブルーチン間の引数渡しや返値受け取りを行う．

　引数渡しにジャンプ命令直後の番地を用いる場合は，サブルーチンへ渡したい引数をメインルーチンのジャンプ命令の次からの番地に置いておき，サブルーチン側でそれを取り込む．サブルーチン最後の命令，つまりサブルーチンからメインルーチンへ戻るためのリンク命令では，引数の個数によりBレジスタ内番地+N(N=2,3,…)に飛ぶ[*5]．サブルーチンに渡す引数がない場合はプログラム A.4のようにN=2である．これらは現在のサブルーチンと基本的には同じである．ライブラリという概念もすでにあり，多くのサブルーチンがライブラリ化されていた．ライブラリ化も含め，現在のサブルーチンの基本はすでに EDSACにおいて実現されていた．

[*5] Bレジスタ内番地+1の番地は，メインルーチン内のサブルーチンへのジャンプ命令自身の番地であるから．

付録B　MIPSシミュレータ：SPIM

　MIPS R2000/R3000 には SPIM という MIPS アセンブリ言語プログラム，MIPS オブジェクトコードを実行するシミュレータが存在する．SPIM という名前は，単に MIPS を右から読んだときの文字列からきている．このシミュレータを欲しい人は http://www.mkp.com/cod2e.htm にアクセスしよう．これは出版社である Morgan Kaufmann Publishers, Inc. の書籍である Computer Organization & Design : The Hardware/Software Interface（日本語訳は，参考文献［Patterson］）のホームページである．ここにある The SPIM Simulator という項をクリックすれば SPIM シミュレータのホームページに飛んでいける．あるいは，http://www.cs.wisc.edu/~larus/spim.html に直接アクセスしてもよい．ダウンロードできる SPIM には，Unix/Linux 版，Windows OS 版，Dos 版がある．本付録では，Windows OS 版の PCSpim をベースに説明する．Windows OS 版ダウンロードは，http://www.cs.wisc.edu/~larus/SPIM/pcspim.zip をクリックし，zip ファイルを自分のコンピュータにもってきて解凍する．解凍すると出現する pcspim フォルダ内の SETUP ファイルを実行（ダブルクリック）し，セットアップを実行する．その結果，PCSpim フォルダ内に環境が設定される．あとは，PCSpim の実行ファイルである pcspim.exe を実行すれば，MIPS を搭載したコンピュータをもっていない人でも，MIPS アセンブリ言語プログラムを作成し，それを実行し，各レジスタの値を確認し，デバッグするといったシミュレーション体験をすることができる．ちなみに，本付録がベースとする SPIM シミュレータは Windows OS 版 PCSpim Version 1.0（SPIM Version 6.5, 2003 年 1 月 4 日）である．

　MIPS のアドレス付け規約（エンディアン方式）は，ビッグエンディアン方式，リトルエンディアン方式のどちらにも対応できる．SPIM のエンディアン方式は SPIM が走行する CPU に依存する．たとえば，Intel 80x86 上ではリトルエンディアン方式，SPARC 上ではビッグエンディアン方式である．

　以下，PCSpim の GUI，アセンブラ指令，システムコール，プログラム実行例などについて説明していく．

B.1 GUI

PCSpim の GUI(graphical user interface)について説明する．PCSpim 画面と Console 画面がある．

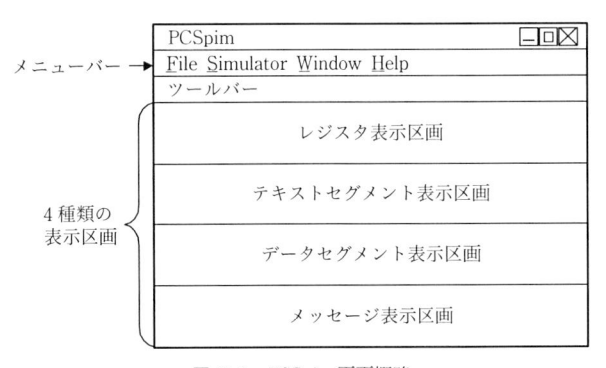

B.1.1 PCSpim 画面

PCSpim 画面概略を図 B.1 に示す．PCSpim 画面にはツールバー，メニューバー，そして 4 種類の表示区画がある．

（1） ツールバー
ツールバーには，ロードするファイル指定，実行履歴ファイル指定，実行開始アドレス指定，実行の一時停止アドレス指定等のクイック指定を可能にするアイコンが並んでいる．

（2） メニューバー
メニューバーには，File, Simulator, Window, Help がある．File メニューと Simulator メニューについて説明する．

a．File メニュー

（ⅰ）Open： ツールバーにもある．「ファイルの場所」にフォルダを指定し，「ファイル名」にこれから実行しようとするアセンブリ言語プログラム，たとえば，test.asm を指定し，「開く」をクリックする．これにより，SPIM にアセンブリ言語プログラムがロードされる．ロードに成功すると，メッセージ表示区画に，たとえば，

　　　　C:¥Program Files¥PCSpim¥test.asm has been successfully loaded
というメッセージが表示される．

（ⅱ）Save Log File： 実行履歴を格納するログファイルを指定する．

図 B.1 PCSpim 画面概略

（iii） Exit： SPIM を終了する．

b．Simulator メニュー

（ⅰ） Clear Register： レジスタの内容をクリアする．

（ⅱ） Reinitialize： メモリ，レジスタの内容をクリアし，SPIM を初期化する．

（iii） Reload ファイル名： ファイル名で指定されているアセンブリ言語プログラムを再ロードする．再ロードに成功するとメッセージ表示区画に

ファイル名 has been successfully loaded

と表示される．

（iv） Go： ツールバーにもある．クリックすると Run Parameters ダイアログボックスが現れる．Starting Address に実行プログラムの先頭アドレス（テキストセグメント表示区画の最上部にある角括弧 [と] で囲まれた最初の命令のアドレス）を入力し，OK をクリックすると，実行が開始される．

（ⅴ） Continue： プログラムの実行を続ける．

（ⅵ） Single Step： プログラムを1命令ずつ（1ステップずつ）実行していく．デバッグ時に使用する．

（ⅶ） Multiple Step： 複数命令（複数ステップ）まとめて実行する．Multiple Step ダイアログボックス内の Number of Steps に実行したい命令数を記入し，OK をクリックする．デバッグ時に使用する．

（ⅷ） Breakpoints： ツールバーにもある．プログラム実行をそこで一時停止させたいという命令のアドレスを入力し，Add をクリックすると下の欄にそのアドレスが追加されていく．命令にグローバルラベルが付いているときはそのラベル名を入力してもよい．アドレスが追加された欄には実行を一時停止させたいアドレス（Breakpoint アドレス）の一覧が表示されている．Breakpoint アドレスの入力を終了したら Close をクリックする．

プログラムを実行（Go）すると，設定した Breakpoint アドレスで実行が一時停止する．Continue execution? と聞いてくるので，さらに実行を続けたい（たとえば次の Breakpoint アドレスまで実行）ときは，「はい（Y）」を，実行をここで止めたいときは「いいえ（N）」をクリックする．

Breakpoint アドレスを削除したいときは，Breakpoint ダイアログボックス内の Breakpoint アドレス一覧から削除したい Breakpoint アドレスを選択し，Remove をクリックする．

Breakpoints はデバッグ時に使用する．デバッグのためのプログラムの変更はエディタ内で行う．変更が終了したらそのプログラムを PCSpim に再ロードする．

（ⅸ） Set Value： アドレスあるいはレジスタを指定し，そこに値を設定することができる．

（x） Display symbol table： メッセージ表示区画にグローバルシンボル情報などを表示する．

（xi） Settings： シミュレータの各種設定をする．選択，非選択は，チェックボックスのクリックにより行う．設定後，プログラムを再ロードする．

Settings 内の Display において，たとえば，General registers in hexadecimal は，16 進表示か 10 進表示かの選択である．

Settings 内の Execution に関して簡単に説明する．

・Bare machine： これを選択した場合，アセンブラによる支援（合成命令など）は受けられない．

・Allow pseudo instruction： 合成命令を使用する場合，選択する（通常は選択）．

・Delayed Branches： これを選択した場合，遅延分岐の遅延スロットに nop 命令などを正しく入れる必要がある．

・Delayed Loads：これを選択した場合，遅延ロードの遅延スロットに nop 命令などを正しく入れる必要がある[*1]．

・Load trap file： 選択しない場合，SPIM は＿＿start というグローバルラベルの付いた命令から実行を開始する．

・Mapped I/O： システムコール命令を用いた入力を使用するプログラムでは選択しない．

（3）　表 示 区 画

4 種類の表示区画がある．

a．レジスタ表示区画　　PC，32 個の汎用レジスタなどすべてのレジスタの内容が表示される．

b．テキストセグメント表示区画　　アセンブリ言語プログラム内のアセンブラ指令 .text により，テキストセグメント領域に格納されたプログラムに対応した情報が表示される．行の先頭の角括弧［と］とで囲まれた数値は命令の置かれたメモリ内のアドレスである．その右の数値は命令のビット列の 16 進数表示である．その右は，機械語命令のニーモニック表示である．セミコロン；の右はアセンブリ言語プログラム内の対応する行番号であり，コロン：の右はアセンブリ言語命令である．アセンブラにより合成命令が複数の機械語命令に翻訳されるときは，セミコロン部分がないニーモニック表示が出現する．

c．データセグメント表示区画　　アセンブリ言語プログラム内のアセンブラ指令 .data により，メモリのデータセグメント領域にロードされたデータ，スタック内のデータが表示される．

[*1]　遅延ロードに関しては本書では説明していない．

d．メッセージ表示区画　使用している SPIM のバージョン，著作権，実行履歴，エラーメッセージなどが表示される．

B.1.2　Console 画面

PCSpim 画面のほかにもう一つ画面がある．Console(コンソール)画面である．Console 画面はプログラムの入出力のために使用する．プログラムに対して値を入力したり，プログラムの実行結果を出力したりすることができる．

B.2　アセンブラ指令

SPIM でも使用できる MIPS のアセンブラ指令の一部について説明する．

　.align n　　この指令に引き続くデータを 2^n バイト境界に整列化する．$n=2$ ならば，$2^2=4$ だから，語境界に整列化される．

　.space n　　現在のセグメント，ただし SPIM のデータセグメント領域に n バイトの領域を割り付ける．

　.ascii str　　メモリに str で指定される文字列を格納する．最後に null コード(0x00)を付加しない．文字列は " と " で囲まれる．改行は￥n である．

　.asciiz str　　メモリに str で指定される文字列を格納し，最後に null コードを付加する．文字列は " と " で囲まれる．改行は￥n である．

　.globl label　　ラベル label がグローバルラベルであることの宣言である．

　.data　　この指令に引き続くデータはデータセグメント領域に格納される．

　.text　　この指令に引き続く命令などはテキストセグメント領域に格納される．

　.byte b1,b2,…,bn　　メモリの連続領域に n 個のバイト値を格納する．

　.half h1,h2,…,hn　　メモリの連続領域に n 個の 16 ビット数値(半語値)を格納する．

　.word w1,w2,…,wn　　メモリの連続領域に n 個の 32 ビット数値(語値)を格納する．

　.float f1,f2,…,fn　　メモリの連続領域に n 個の単精度浮動小数点数値を格納する．

　.double d1,d2,…,dn　　メモリの連続領域に n 個の倍精度浮動小数点数値を格納する．

B.3　システムコール

SPIM には入出力などの操作を可能にするシステムコール命令(syscall)がある．プ

B.4 プログラム例

表 B.1 SPIM システムコール操作（左端の No. はシステムコール番号）

No.	システムコール操作	引数の設定と返値
1	整数出力	出力する整数を$a0 に格納しておく．
2	単精度浮動小数点数出力	出力する浮動小数点数を$f12 に格納しておく．
3	倍精度浮動小数点数出力	出力する浮動小数点数を$f12 に格納しておく．
4	文字列出力	出力する文字列の先頭アドレスを$a0 に格納しておく．
5	整数入力	Console 画面上で数値を入力し，リターンキーを押す．返値(入力値)は$v0 に格納される．
6	単精度浮動小数点数入力	Console 画面上で数値を入力し，リターンキーを押す．返値(入力値)は$f0 に格納される．
7	倍精度浮動小数点数入力	Console 画面上で数値を入力し，リターンキーを押す．返値(入力値)は$f0 に格納される．
8	文字列入力	Console 画面上で文字を入力する．$a0 に入力文字列の格納領域の先頭アドレスを，$a1 に入力文字数+1 を，それぞれ設定する．格納領域に入力文字列を格納し，末尾に null コードを付加する．$a1 に設定した数値より 2 以上少ない文字数を入力するときは Console 画面上でリターンキーを押す(余った部分には null コードが付加される)．
9	追加メモリブロック確保	$a0 に追加確保したいメモリブロック分のバイト数を指定する．確保したメモリブロックの先頭アドレスが返値となり$v0 に格納される．これはたとえば，プログラム実行中にメモリ領域を確保したい場合などに使用する．
10	プログラム終了	プログラムの実行を終了させる．

　プログラム内では syscall 命令の実行に先立ち，レジスタ$v0 にシステムコール番号を格納し，また必要な引数設定をしておく．表 B.1 に SPIM システムコール操作一覧を示す．

B.4 プログラム例

　実際に MIPS アセンブリ言語プログラムを作成し，PCSpim 上で実行させてみる．階乗を求めるプログラムを例題とする．1 から n までの積 $1\times2\times3\times\cdots\times n$ を n の階乗といい，$n!$ と表記する．たとえば 3 の階乗は，$3!=1\times2\times3=6$ である．便宜上 $0!=1$ とする．

　階乗を求めるプログラムを再帰的なサブルーチン呼出しにより作成してみたのがプログラム B.1 である．#以下の注釈部に，各行の説明がある．Simulator メニューの Settings 内において選択するのは Allow pseudo instruction である．

〔プログラム B.1　階乗を求めるアセンブリ言語プログラム〕

```
#fact.asm
          .data                           #ここからデータセグメント
input:    .asciiz   "入力は"              #文字列　入力は
exclam:   .asciiz   "!="                  #文字列　!=
newlin:   .asciiz   "¥n"                  #改行文字　¥n
          .text                           #ここからテキストセグメント
fact:                                     #サブルーチン fact の開始部である．
          slti      $t0,$a0,1             #もし$a0 の内容 n が 1 より小さければ
                                          #(n<1), $t0 に 1 を，そうでなければ，
                                          #$t0 に 0 を，格納する．
          beq       $t0,$zero,fact2       #$t0 の内容が 0 ならば(このとき n>=1)，
                                          #ラベル fact 2 へ飛ぶ．1 ならばもうサブ
                                          #ルーチンを呼出さないで次の命令へ．
          add       $v0,$zero,1           #$v0(返値用レジスタ)に 1 を格納する．
          jr        $ra                   #戻りアドレス$ra に飛ぶ，すなわち呼出し
                                          #側に戻る．
fact2:    sub       $sp,$sp,8             #スタックポインタを進め，スタック領域
                                          #を 8 バイト(2 語)確保．
          sw        $ra,4($sp)            #戻りアドレス$ra をスタックに退避する．
          sw        $a0,0($sp)            #引数$a0 をスタックに退避する．
          sub       $a0,$a0,1             #$a0 の内容から 1 減算し，結果を$a0 に格
                                          #納する．n ← n-1 に相当．
          jal       fact                  #さらにサブルーチン fact を呼出す．再帰
                                          #的呼出しである．サブルーチンから戻る
                                          #と，$v0 には返値(n-1)! が入っている．
          lw        $a0,0($sp)            #スタックからの$a0 の復元．
          lw        $ra,4($sp)            #スタックからの戻りアドレス$ra の復元．
          add       $sp,$sp,8             #スタックポインタをもとに戻す．スタッ
                                          #ク領域の開放．
          mul       $v0,$a0,$v0           #返値を$v0 に格納する．今$a0 には n が入
                                          #っているから，返値は，n×(n-1)!であ
                                          #る．
          jr        $ra                   #戻りアドレス$ra に飛ぶ，すなわち呼出し
                                          #側に戻る．
          .globl    __start               #__start はグローバルラベルである．
__start:                                  #メインルーチンの開始部である．ここか
                                          #らプログラム開始．
          li        $v0,4                 #文字列出力のためにシステムコール番号
                                          #4 を$v0 に格納．
          la        $a0,input             #文字列　入力は　の先頭アドレスすなわ
                                          #ちラベル input のアドレスを$a0 に格納．
          syscall                         #Console 画面に　入力は　を表示．
          li        $v0,5                 #整数入力のためにシステムコール番号 5
                                          #を$v0 に格納．
          syscall                         #Console 画面より整数(半角数字)入力．
                                          #入力結果(入力数)は$v0 に格納される．
```

B.4 プログラム例

```
        move    $s0,$v0         #$v0 の内容，すなわち最初の n を$s0 に格
                                #納しておく．$v0 の内容は以降の命令で
                                #破壊されるが，$s0 の内容は保存処理され
                                #る．
        li      $v0,1           #整数出力のためにシステムコール番号 1
                                #を$v0 に格納．
        move    $a0,$s0         #出力する整数，最初の n を$a0 に格納．
        syscall                 #Console 画面に整数を表示．
        li      $v0,4           #文字列出力のためにシステムコール番号
                                #4 を$v0 に格納．
        la      $a0,exclam      #文字列 != の先頭アドレスすなわちラ
                                #ベル exclam のアドレスを$a0 に格納．
        syscall                 #Console 画面に != を表示．3 命令前
                                #の syscall とこの syscall により，入力整
                                #数，つまり最初の n がたとえば 8 のと
                                #き，Console 画面に 8!=が表示される．
        move    $a0,$s0         #$s0 に保存しておいた，求めたい n の階
                                #乗の数値 n を$a0 に格納．
                                #この$a0 がサブルーチン fact への最初の
                                #引数渡しとなる．
        jal     fact            #メインルーチンからサブルーチン fact の
                                #呼出し．
                                #サブルーチン fact から戻る．返値は$v0
                                #に入っている．
        move    $a0,$v0         #返値を$a0 に格納．
        li      $v0,1           #整数出力のためにシステムコール番号 1
                                #を$v0 に格納．
        syscall                 #Console 画面に結果を表示．
        li      $v0,4           #文字列出力のためにシステムコール番号
                                #4 を$v0 に格納．
        la      $a0,newlin      #改行文字 ¥n の先頭アドレス，すなわ
                                #ちラベル newlin のアドレスを$a0 に格
                                #納．
        syscall                 #Console 画面上でカーソルの改行が起こ
                                #る．
        li      $v0,10          #プログラム実行終了のためにシステムコ
                                #ール番号 10 を$v0 に格納．
        syscall                 #プログラムの実行終了．
```

次にプログラム B.1 の PCSpim 上での実行手順について説明しよう．

【手順 1】 まず，プログラム B.1 を，エディタ，たとえばワードパッドを使って作成する．#以下は注釈なので省略し，行間を詰めてよい．ここではそのファイル名を fact.asm とすることにしよう．ファイル名の拡張子は .asm である．もちろん読者の好みで，test.asm などと命名しても結構である．ただ，その場合は以下の fact.asm は test.asm で置き換えてほしい．

【手順 2】 プログラム B.1 ができあがったらファイル fact.asm に保存する．ファイルの種類はテキストドキュメントとし，テキスト形式で保存する．

【手順3】 PCSpim を起動する．ここでは，PCSpim の Simulator メニューの Settings ダイアログボックス内にて選択する項目は，Save window positions, General registers in hexadecimal, Allow pseudo instruction とする．

【手順4】 PCSpim 画面の File メニューの Open をクリックし，作成した fact.asm ファイルを開く．メッセージ表示区画に，たとえば，

　　　　C:¥Program Files¥PCSpim¥fact.asm has been successfully loaded

と表示されれば成功である．

【手順5】 Simulator メニューの Go を選択し，Run Parameters ダイアログボックスの Starting Address にプログラムの開始アドレスを指定し（すでに入っていると思うが），OK をクリックする．

【手順6】 Console 画面が現れるので，10 以下程度の適当な数をキーボードから入力し（この入力値は Console 画面に表示される），リターンキーを押す．入力値を，たとえば 4 とすると，Console 画面に 4!=24 と表示されるはずである．もし，このように表示されない場合は，エラーメッセージなどを参考にし，ワードパッドなどのエディタで fact.asm を訂正・保存し，PCSpim 画面 Simulator メニューで再ロード，Go する．Simulator メニューの Breakpoints, Single Step などを適宜使ってレジスタの内容を確かめてほしい．

B.5　機械語命令のビット列

　機械語命令は具体的にどのようなビット列になるのかを，前節の階乗を求めるアセンブリ言語プログラム（プログラム B.1）を例にとり説明する．

　プログラム B.1 を作成し，実行手順に沿って操作を進める．手順 4 が完了すると，PCSpim 画面のテキストセグメント表示区画に，アセンブリ言語プログラム内の各命令に対応した情報が 1 行ごとに表示される．各行先頭の角括弧 [と] とで囲まれたアドレス表示の次の数値が機械語命令のビット列の 16 進数表示である．さらに右のセミコロン；の次にアセンブリ言語プログラム内の行番号が表示され，コロン：の右にアセンブリ言語命令が表示されている．

　たとえば，表示された行番号 8 の sltiu $t0,$a0,1 をみてみると，このアセンブリ言語命令は，$t0 がレジスタ番号 8 で $a0 がレジスタ番号 4 だから，sltiu $8,$4,1 となり，2c880001[*2] というビット列に変換されていることがわかる．アセンブラによってアセンブリ言語命令はこのような機械語命令に変換される．

　図 B.2 にビット列を示す．sltiu は I 形式（第 6 章の図 6.2 参照）で op は 001011 であ

[*2]　2c880001 の左にある 0 x は 2c880001 が 16 進数表示であることを示している．

B.5 機械語命令のビット列

16 進数表示

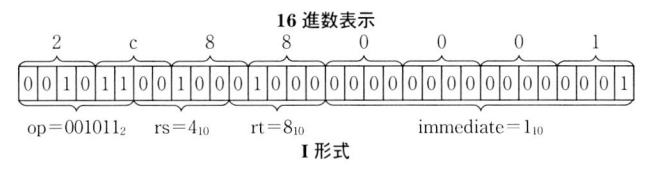

```
  2       c       8       8       0       0       0       1
0010 1100 1000 1000 0000 0000 0000 0001
op=001011₂  rs=4₁₀  rt=8₁₀        immediate=1₁₀
```

op=001011_2　rs=4_{10}　rt=8_{10}　immediate=1_{10}

I 形式

図 B.2　`sltiu $t0,$a0,1` のビット列

る．第 2 オペランドである rs フィールドには \$a0 のレジスタ番号 4 が，第 3 オペランドである rt フィールドには \$t0 のレジスタ番号 8 が，immediate フィールドには即値 1 が格納されている．

付録 C　MIPS 合成命令

C.1　乗算合成命令

構文	演算内容
mul rd,rs,rt	multiply（乗算）の略．レジスタ rs の内容とレジスタ rt の内容を掛け，結果（積）の下位 32 ビットを rd に格納する．第 3 オペランドは即値も可．オペランドは符号付き 32 ビット値として扱われる．オーバーフロー処理なし．
mulo rd,rs,rt	multiply with overflow の略．レジスタ rs の内容とレジスタ rt の内容を掛け，結果（積）の下位 32 ビットを rd に格納する．第 3 オペランドは即値も可．オペランドは符号付き 32 ビット値として扱われる．積が 32 ビットを超えた場合のオーバーフロー処理あり．
mulou rd,rs,rt	multiply with overflow unsigned の略．レジスタ rs の内容とレジスタ rt の内容を掛け，結果（積）の下位 32 ビットを rd に格納する．第 3 オペランドは即値も可．オペランドは符号なし 32 ビット値として扱われる．積が 32 ビットを超えた場合のオーバーフロー処理あり．

C.2　除算合成命令

構文	演算内容
div rd,rs,rt	レジスタ rs の内容をレジスタ rt の内容で割り，商をレジスタ rd に格納する．オペランドは符号付き 32 ビット値として扱われる．除数が 0 の処理，オーバーフロー処理あり．
divu rd,rs,rt	レジスタ rs の内容をレジスタ rt の内容で割り，商をレジスタ rd に格納する．オペランドは符号なし 32 ビット値として扱われる．除数が 0 の処理あり．

C.3 比較合成命令

構 文	演 算 内 容

seq rd,rs,rt	set on equal の略．レジスタ rs の内容がレジスタ rt の内容と等しければレジスタ rd に 1 を設定し，そうでなければ 0 を設定する．アセンブラにより次のような機械語命令列に翻訳される．
	   xor rd,rs,rt
	   sltiu rd,rd,1

sne rd,rs,rt	set on not equal の略．レジスタ rs の内容がレジスタ rt の内容と等しくないならばレジスタ rd に 1 を設定し，そうでなければ 0 を設定する．アセンブラにより次のような機械語命令列に翻訳される．
	   xor rd,rs,rt
	   sltu rd,$zero,rd

sge rd,rs,rt	set on greater than equal の略．レジスタ rs の内容がレジスタ rt の内容と等しいか，より大きければレジスタ rd に 1 を設定し，そうでなければ 0 を設定する．レジスタ rs, rt の内容は符号付き 32 ビット値．アセンブラにより次のような機械語命令列に翻訳される．
	   slt rd,rs,rt
	   xori rd,rd,1

sgeu rd,rs,rt	set on greater than equal unsigned の略．レジスタ rs の内容がレジスタ rt の内容と等しいか，より大きければレジスタ rd に 1 を設定し，そうでなければ 0 を設定する．レジスタ rs, rt の内容は符号なし 32 ビット値．アセンブラにより次のような機械語命令列に翻訳される．
	   sltu rd,rs,rt
	   xori rd,rd,1

sgt rd,rs,rt	set on greater than の略．レジスタ rs の内容がレジスタ rt の内容より大きければレジスタ rd に 1 を設定し，そうでなければ 0 を設定する．レジスタ rs, rt の内容は符号付き 32 ビット値．アセンブラにより，slt rd,rt,rs のような機械語命令に翻訳される (sgt の第 2, 第 3 オペランドが slt では入れ替わっていることに注意)．
sgtu rd,rs,rt	set on greater than unsigned の略．レジスタ rs の内容がレジスタ rt の内容より大きければレジスタ rd に 1 を設定し，そうでなければ 0 を設定する．レジスタ rs, rt の内容は符号なし 32 ビット値．アセンブラにより，sltu rd,rt,rs のような機械語命令に翻訳される (sgtu の第 2, 第 3 オペランドが sltu では入れ替わっていることに注意)．

構文	演算内容

sle rd,rs,rt	set on less than equal の略．レジスタ rs の内容がレジスタ rt の内容と等しいか，より小さければレジスタ rd に 1 を設定し，そうでなければ 0 を設定する．レジスタ rs, rt の内容は符号付き 32 ビット値．アセンブラにより次のような機械語命令列に翻訳される．
	   slt rd,rt,rs
	   xori rd,rd,1

sleu rd,rs,rt	set on less than equal unsigned の略．レジスタ rs の内容がレジスタ rt の内容と等しいか，より小さければレジスタ rd に 1 を設定し，そうでなければ 0 を設定する．レジスタ rs, rt の内容は符号なし 32 ビット値．アセンブラにより次のような機械語命令列に翻訳される．
	   sltu rd,rt,rs
	   xori rd,rd,1

C.4 分岐合成命令

構文	演算内容

beqz rs,label	branch on equal to zero の略．レジスタ rs の内容が 0 ならば label に飛ぶ．アセンブラにより次のような機械語命令列に翻訳される．
	   beq rs,$zero,label
	   nop

bnez rs,label	branch on not equal to zero の略．レジスタ rs の内容が 0 でなければ label に飛ぶ．アセンブラにより次のような機械語命令列に翻訳される．
	   bne rs,$zero,label
	   nop

bge rs,rt,label	branch on greater than or equal の略．レジスタ rs の内容がレジスタ rt の内容以上ならば label に飛ぶ．レジスタ rs, rt の内容は符号付き 32 ビット値として扱われる．アセンブラにより次のような機械語命令列に翻訳される[1]．
	   slt $at,rs,rt
	   beq $at,$zero,label
	   nop

bgeu rs,rt,label	branch on greater than or equal unsigned の略．レジスタ rs の内容がレジスタ rt の内容以上ならば label に飛ぶ．レジスタ rs, rt の内容は符号なし 32 ビット値として扱われる．
bgt rs,rt,label	branch on greater than の略．レジスタ rs の内容がレジスタ rt の内容より大きいならば label に飛ぶ．レジスタ rs, rt の内容は符号付き 32 ビット値として扱われる．

C.4 分岐合成命令

構文	演算内容
bgtu rs,rt,label	branch on greater than unsigned の略．レジスタ rs の内容がレジスタ rt の内容より大きいならば label に飛ぶ．レジスタ rs, rt の内容は符号なし 32 ビット値として扱われる．
ble rs,rt,label	branch on less than or equal の略．レジスタ rs の内容がレジスタ rt の内容以下ならば label に飛ぶ．レジスタ rs, rt の内容は符号付き 32 ビット値として扱われる．
bleu rs,rt,label	branch on less than or equal unsigned の略．レジスタ rs の内容がレジスタ rt の内容以下ならば label に飛ぶ．レジスタ rs, rt の内容は符号なし 32 ビット値として扱われる．
blt rs,rt,label	branch on less than の略．レジスタ rs の内容がレジスタ rt の内容より小さいならば label に飛ぶ．レジスタ rs, rt の内容は符号付き 32 ビット値として扱われる．
bltu rs,rt,label	branch on less than unsigned の略．レジスタ rs の内容がレジスタ rt の内容より小さいならば label に飛ぶ．レジスタ rs, rt の内容は符号なし 32 ビット値として扱われる．

*1 $at はアセンブラ専用のレジスタであり，このような合成命令の翻訳時にも使用される．

付録 D　SPARC アセンブリ言語と機械語

　SPARC は米国 Sun Microsystems 社によって開発された RISC 型マイクロプロセッサである．その原型アーキテクチャは 1980 年代初めに米国カリフォルニア大学バークレー校のパターソン(David A. Patterson)[*1]らにより開発された．

　本付録では SPARC の基本的なアセンブリ言語と機械語について説明する．浮動小数点数およびコプロセッサ関連の機械語命令・アセンブリ言語命令，レジスタウィンドウなどさらに詳細な情報に関しては，たとえば[Sparc]を参照してほしい．

　ここで説明する SPARC の 1 語は 32 ビットであり，整数データ形式としては符号付きと符号なしがあり，それぞれバイト(8 ビット)，半語(16 ビット)，語(32 ビット)，倍長語(64 ビット)がある．符号付きは 2 の補数表現である．アドレス付け規約はビッグエンディアン方式である．

D.1　アセンブリ言語構文

　アセンブリ言語の表現形式を構文という．アセンブリ言語構文は左から，ラベル，アセンブリ言語命令の順に並んでいる．以下それらについて説明する．

(1) ラ　ベ　ル

　ラベルはデータや命令の存在する場所(アドレス)に付ける名前付き目印であり，行の先頭に置く．具体的には，英文字，アンダーバー(_)，ピリオド(.)，$，および数字(0～9)から構成される文字列である．ただし数字が先頭にくることはできない．ラベルの後にはコロン(：)を付ける．ラベルは，たとえば分岐先の命令やサブルーチンの先頭の命令に付けたりする．ラベルのない行は空白文字(スペースかタブ)で始まり，次にアセンブリ言語命令がくる．

(2) アセンブリ言語命令

　アセンブリ言語命令には，機械語命令に対応した命令，アセンブラにより機械語命令列に翻訳される合成命令(synthetic instruction)，アセンブラに対する指令である擬似

[*1]　参考文献[Patterson]の著者の 1 人．

操作がある．命令オペレータとオペランドからなるアセンブリ言語命令を，アセンブリコードあるいはニーモニックコード(mnemonic code, 略してニーモニック)という．ニーモニックとは記憶を助けるといった意味である．人間にはとても記憶できない0と1の並びである機械語命令と比べ，多少は人間が記憶可能であるということである．命令オペレータ記号のみをニーモニックともいう．

a. 機械語命令に対応した命令と合成命令　機械語命令に対応した命令と合成命令は，命令オペレータと0個以上のオペランド(つまり，オペランドのない命令もある)から構成される．命令オペレータは命令操作を表す1文字から数文字程度の英字で記号化(ニーモニック)される．たとえば減算操作なら sub といったように演算操作を想起させる英字列記号である．

減算には，引くものと引かれるものといった演算対象があり，これらを指定しないと演算操作を実行できない．これら演算対象をオペランドという[*2]．オペランド形式には4.1節で説明したように大きく三つの形式がある．SPARC は多くの命令で三つのオペランド指定が可能な3オペランド形式であり，レジスタ-レジスタ型アーキテクチャ(ロードストアアーキテクチャ)である．

3オペランドの場合，二つのレジスタの間あるいは一つのレジスタと一つの即値(定数値)の間で演算し，結果をレジスタに格納する．オペランドに即値を指定できるということは，いきなり定数値をオペランドに記述し，即，演算対象とすることが可能ということである．即値の上限，下限は命令に依存する．

SPARC では演算操作の結果(たとえば減算の結果)を格納するデスティネーションオペランドが，アセンブリ言語文の最後の(一番右端の)オペランド位置に置かれる．この点が MIPS と異なる．

オペランドには，即値(定数値)，レジスタ以外に，メモリ内のアドレスを指定できる．ただしアドレスを指定することができるのはメモリ命令(ロード命令とストア命令)だけであり，2オペランド形式である．メモリ命令におけるアドレス指定は，常に角括弧 [と] を使用する．一方 jmpl 命令，sethi 命令におけるアドレス指定は角括弧なしである．

合成命令は，SPARC の機械語命令に直接対応してはいないが，アセンブリ言語構文で使用できる命令である．合成命令はアセンブラにより一つあるいは複数の SPARC 機械語命令に翻訳される．

b. 擬似操作　擬似操作(pseudo operation, MIPS ではアセンブラ指令)はピリオド(.)で始まる．擬似操作は，アセンブラに対する情報の提供，指令であり，機械語命令(列)は生成されない．表 D.1 にいくつかの擬似操作を示す．

[*2] オペランドそのものについては第4章で説明した．

表 D.1 擬似操作

構　文	指　令　内　容
.seg "text"	実行命令を置く場所の先頭に置き，ここから実行命令が始まることを宣言する．
.seg "data"	初期化されたデータの置き場所であることを宣言する．
.seg "bss"	初期化されないデータの置き場所であることを宣言する．
.word const	const は，カンマ(,)で区切られた定数の並び(定数は一つでもよい)であり，それらが格納される．各定数は1語を占有する．
.byte const	const は，カンマ(,)で区切られた定数の並び(定数は一つでもよい)であり，それらが格納される．各定数は1バイトを占有する．
.ascii "文字列"	文字列データが格納される．
.asciz "文字列"	文字列データが格納される．最後に null コード(0x00)が格納される．
.global label	ラベル label が，他のプログラムから参照可能なグローバル(広域)ラベルであることを宣言している．
.reserve label,size	size で指定された数はバイト数であり，その大きさの領域を確保し，その場所の先頭にラベル label という目印を付ける．このラベルはこのプログラム内からのみ参照可能なローカルラベルである．
.comm label,size	size で指定された数はバイト数であり，その大きさの領域を確保し，その場所の先頭にラベル label という目印を付ける．このラベルはグローバルラベルである．
.align 4	アドレスを4の倍数に整列化する．

（3）レジスタ

SPARC には32ビットの汎用レジスタが32個ある．グローバルレジスタ global[0]～global[7]，ローカルレジスタ local[0]～local[7]，入力レジスタ in[0]～in[7]，出力レジスタ out[0]～out[7]の計32個である．そのほかにここでの説明に関係するレジスタとして，整数条件コードフィールドを含むプロセッサステータスレジスタ(32ビット)，乗除算に使用される Y レジスタ(32ビット)がある．

SPARC のレジスタに関しては，レジスタウィンドウという機構があるが，本付録では説明しない．たとえば[Sparc]を参照してほしい．よって，本付録ではレジスタウィンドウは使用しないという前提で説明を進める．

アセンブリ言語命令内ではレジスタ名の頭に%を付け，たとえば，global[0]レジスタは %g0 のように表現される．これをまとめると以下のようになる．

  %g0 ～ %g7 : %g0 レジスタは，値が常に0であるゼロレジスタである
  %l0 ～ %l7 : 作業用として使用する
  %i0 ～ %i7 : サブルーチン呼出しの際の引数渡しなどに使用される
  %o0 ～ %o5 : サブルーチン呼出しの際の返値受け取りなどに使用される

%o6	:	通常はスタックポインタとして使用される
%o7	:	サブルーチンからの戻り先アドレスが格納される
%sp	:	スタックポインタ，通常は%o6を使用
%y	:	乗除算に使用されるYレジスタ

（4）注　　釈

2種類の注釈記号/*と*/のペア，および！がある．/*と*/とで挟まれた部分が注釈となる．この場合は複数の行にまたがってもよい．！の場合，！から行末までが注釈となる．注釈は人間のためのメモであり，コンピュータへの指示ではない．

D.2　機械語命令の形式

アセンブリ言語命令のうち，機械語命令に対応した命令と合成命令はアセンブラにより一つあるいは複数の機械語命令に翻訳される．SPARCの1機械語命令は32ビット(1語)であり，先頭2ビットで識別可能な3種類の命令形式(命令フォーマット)がある[*3]．これら3種類の形式のうち，基本的な命令形式について説明する．形式内の英数字はフィールド名である．たとえば，形式2-1のビット28から25の4ビットはcondフィールドという名称で参照される．

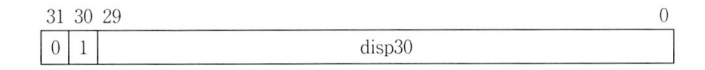

（1）形　式　1
call命令

```
 31 30 29                                    0
 | 0| 1|              disp30                  |
```

（2）形　式　2
2種類の形式がある．

形式2-1： 分岐命令

```
 31 30 29 28    25 24  22 21                 0
 | 0| 0| a| cond |  op2 |      disp22         |
```

形式2-2： Sethi命令

```
 31 30 29       25 24  22 21                 0
 | 0| 0|   rd    |  op2 |      imm22          |
```

[*3] 先頭2ビットを解読すればどの命令形式かを識別できる．RISCの利点である．

(3) 形式 3

a. 算術命令，論理命令，シフト命令　　3種類の形式がある．

形式 3-1

31 30	29　　25	24　　19	18　　14	13	12　　5	4　　0
1　0	rd	op3	rs1	0	asi	rs2

（ビット 13 を i ビットという）

形式 3-2

31 30	29　　25	24　　19	18　　14	13	12　　　　　　0
1　0	rd	op3	rs1	1	simm13

（ビット 13 を i ビットという）

形式 3-3

31 30	29　　25	24　　19	18　　14	13	12　　5	4　　0
1　0	rd	op3	rs1	1	すべて 0	shcnt

（ビット 13 を i ビットという）

b. ロード命令，ストア命令　　2種類の形式がある．

形式 3-4

31 30	29　　25	24　　19	18　　14	13	12　　5	4　　0
1　1	rd	op3	rs1	0	asi	rs2

（ビット 13 を i ビットという）

形式 3-5

31 30	29　　25	24　　19	18　　14	13	12　　　　　　0
1　1	rd	op3	rs1	1	simm13

（ビット 13 を i ビットという）

D.3　命　令　詳　細

アセンブリ言語命令と対応する機械語命令，アセンブラにより一つあるいは複数の機械語命令に翻訳される合成命令について説明する．

D.3.1　算　術　命　令

加減乗除算を実行する命令である．

（1）加　算　命　令

■ 構文　 addX　rs1,rs2 あるいは即値, rd

第 2 オペランドがレジスタ rs2 指定ならば形式 3-1 で asi は 0 であり，レジスタ rs1 の内容とレジスタ rs2 の内容を加算し，結果をレジスタ rd に格納する．第 2 オペラン

ドが即値ならば形式 3-2 であり，simm13 フィールドに即値が設定され，レジスタ rs1 の内容と即値の加算結果をレジスタ rd に格納する．

addX の X の部分は，たとえばニーモニックが addcc ならば cc が X に相当する．ニーモニック，対応する op3 フィールド[*4]，演算内容を次に記す．

〈ニーモニック〉　〈op3〉　　〈演算内容〉

add　　　　　　 000000　加算．

addcc　　　　　 010000　加算．icc フィールドへの影響あり．

addx　　　　　　001000　加算．その際，icc フィールドの C ビット値もさらに加算．

addxcc　　　　　011000　加算．その際，icc フィールドの C ビット値もさらに加算．icc フィールドへの影響あり．

ここで icc フィールドについて説明する．icc とは integer condition code の頭文字をとった略であり，(整数)条件コードと訳される．この icc フィールドは，SPARC の制御用レジスタの一つであるプロセッサステータスレジスタ(processor status register：PSR)内にある．32 ビットの PSR 内にはプロセッサを制御する各種フィールドがあり，各種の状態情報を保持している．図 D.1 のように，icc フィールドは PSR 内のビット 23 から 20 の 4 ビットを占めており，各ビットに名前が付いている．ビット 23 から右に，N ビット，Z ビット，V ビット，C ビットである．ニーモニックの末尾に cc が付いている命令が icc フィールドに影響を与える命令である．加算命令の場合 addcc, addxcc である．以下，icc フィールドの各ビットについて説明する．

N ビット(Negative bit)：　icc フィールドに影響を与える命令が実行されたとき，結果が負なら 1 に，そうでなければ 0 に設定される．

Z ビット(Zero bit)：icc フィールドに影響を与える命令が実行されたとき，結果が 0 ならば 1 に，そうでなければ 0 に設定される．

V ビット(oVerflow bit)：　icc フィールドに影響を与える命令が実行されたとき，結果が 32 ビットの 2 の補数表記の範囲($-2^{31} \leq$ 結果 $\leq 2^{31}-1$)に入っているかどうかを示す．入っていない場合(オーバーフローあるいはあふれ)は 1 に，入っている場合は 0 に設定される．加算の場合，二つのオペランドが同符号なのに結果がそれと異な

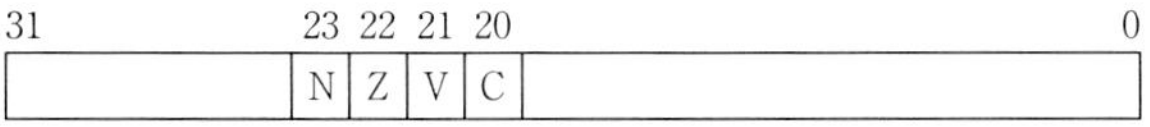

```
31            23 22 21 20                    0
┌──────────────┬─┬─┬─┬─┬──────────────────────┐
│              │N│Z│V│C│                      │
└──────────────┴─┴─┴─┴─┴──────────────────────┘
```

図 D.1　PSR と icc フィールド

[*4] op はオペコード(opcode)の略である．オペコードとはオペレーションコードあるいはオペレータコードのことであり，命令操作をコード化(0 と 1 の並び)したものである．操作コードともいわれる．本文中では以降「フィールド」を適宜省略する．

る符号となったとき，オーバーフローとなる．たとえば正数(MSB が 0)と正数(MSB が 0)を加算したのに，結果が負(MSB が 1)となった場合などである．

C ビット(Carry bit)：　icc フィールドに影響を与える命令の実行時，ビット 31 を超える桁上げあるいは桁借りが起こった場合は 1 に，そうでない場合は 0 に設定される．加算ではビット 31 からの桁上げ，減算ではビット 31 への桁借りである．

（2）減算命令

■ 構文　subX rs1,rs2 あるいは即値,rd

第 2 オペランドがレジスタ rs2 指定ならば形式 3-1 で asi は 0 であり，レジスタ rs1 の内容からレジスタ rs2 の内容を減算し，結果をレジスタ rd に格納する．第 2 オペランドが即値ならば形式 3-2 で，simm13 に即値が設定され，レジスタ rs1 の内容から即値を引いた結果をレジスタ rd に格納する．

subX の X の意味は加算と同じである．

ニーモニック，対応する op3 フィールド，演算内容を次に記す．

〈ニーモニック〉	〈op3〉	〈演算内容〉
sub	000100	減算．
subcc	010100	減算．icc フィールドへの影響あり．
subx	001100	減算．その際，icc フィールドの C ビット値もさらに引く．
subxcc	011100	減算．その際，icc フィールドの C ビット値もさらに引く．icc フィールドへの影響あり．

減算の場合，二つのソースオペランドが異符号なのに，結果の符号がレジスタ rs1 の内容と異なる符号となったとき，オーバーフローとなる．たとえば正数(MSB が 0)から負数(MSB が 1)を引いたのに，結果が負(MSB が 1)となった場合などである．

（3）乗算命令

4 種類の乗算命令がある．

■ 構文　XmulX rs1,rs2 あるいは即値,rd

結果(積)の上位 32 ビットを Y レジスタ(%y)に，下位 32 ビットをレジスタ rd に格納する．

第 2 オペランドがレジスタ rs2 指定ならば形式 3-1 で asi は 0 であり，レジスタ rs1 の内容とレジスタ rs2 の内容を掛け，結果を Y レジスタとレジスタ rd に格納する．第 2 オペランドが即値ならば形式 3-2 で，simm13 に即値が設定され，レジスタ rs1 の内容と即値を掛け，結果を Y レジスタとレジスタ rd に格納する．

XmulX の X の部分には英字が入り，それらは 4 種類の命令ごとに異なる．

ニーモニック，対応する op3 フィールド，演算内容を次に記す．

〈ニーモニック〉	〈op3〉	〈演算内容〉
umul	001010	符号なし乗算．unsigned multiply の略．
smul	001011	符号付き乗算．signed multiply の略．
umulcc	011010	符号なし乗算．icc フィールドへの影響あり．unsigned multiply, condition code の略．
smulcc	011011	符号付き乗算．icc フィールドへの影響あり．signed multiply, condition code の略．

icc フィールドへの影響について説明する．N ビットは，積の下位 32 ビットを格納するレジスタ rd の MSB が 1 ならば 1，0 ならば 0 に設定される．Z ビットは，積の下位 32 ビットを格納するレジスタ rd の内容が 0 ならば 1，そうでなければ 0 に設定される．このように N ビット，Z ビットとも積の下位 32 ビットによって規定される．V ビットと C ビットの値は設定されるが，アーキテクチャ改訂による値の設定変更の可能性があるため，後述する icc テストの対象としないこと．

（4） 除 算 命 令

4 種類の除算命令がある．

■ 構文　XdivX rs1,rs2 あるいは即値,rd

除算命令においては，64 ビットの値を 32 ビットの値で割る．被除数の上位 32 ビットが Y レジスタ(%y)に設定され，下位 32 ビットがレジスタ rs1 に設定される．

第 2 オペランドがレジスタ rs2 指定ならば形式 3-1 で asi は 0 であり，被除数をレジスタ rs2 の内容で割り，結果(商)をレジスタ rd に格納する．第 2 オペランドが即値ならば形式 3-2 で，simm13 に即値が設定され，被除数を即値で割り，結果(商)をレジスタ rd に格納する．

剰余は捨てられ，どこにも保存されない．除算実行後，Y レジスタの内容が保存されていると考えてはいけない．

XdivX の X の部分には英字(列)が入り，それらにより 4 種類の命令が識別される．

ニーモニック，対応する op3 フィールド，演算内容を次に記す．

〈ニーモニック〉	〈op3〉	〈演算内容〉
udiv	001110	符号なし除算．unsigned divide の略．
sdiv	001111	符号付き除算．signed divide の略．
udivcc	011110	符号なし除算．icc フィールドへの影響あり．unsigned divide, condition code の略．
sdivcc	011111	符号付き除算．icc フィールドへの影響あり．signed divide, condition code の略．

udivcc 命令と sdivcc 命令における icc フィールドへの影響について述べる．N ビットは，商を格納するレジスタ rd の MSB が 1 ならば 1，0 ならば 0 に設定される．Z ビ

表 D.2 除算オーバーフロー[Sparc]

除算命令	オーバーフロー発生条件	rdへの格納値
udiv, udivcc	商$>2^{32}-1$, 剰余$>$(除数-1)	$2^{32}-1$
sdiv, sdivcc(正の結果)	商$>2^{31}-1$, 剰余$>$(|除数|-1)	$2^{31}-1$
sdiv, sdivcc(負の結果)	(条件1) 商$<-2^{31}$, 剰余$<-$(|除数|-1) (条件2) 商$<-2^{31}$, 剰余<0	-2^{31}

ットは，商を格納するレジスタ rd の内容が 0 ならば 1，そうでなければ 0 に設定される．C ビットは 0 に設定される．V ビットは除算オーバーフロー発生時に 1 が設定される．除算オーバーフローを表 D.2 にまとめた．udiv 命令，sdiv 命令は，icc フィールドに影響を与えないが，表 D.2 に記載した除算オーバーフローが発生すると，表 D.2 の rd への格納値が商としてレジスタ rd に設定される．

3.4.4 項で符号付き除算において剰余の符号が 2 通りあることを述べた．被除数と剰余の符号は同じという規則(商をゼロ方向に丸める)を適用している場合，sdivcc(負の結果)のオーバーフロー発生条件は(条件1)となる．

D.3.2 論理命令

論理演算を実行する命令である．論理命令を理解する上で必要な論理演算については 5.1 節で説明したので必要に応じて参照してほしい．

(1) 論理和命令

■構文　orX rs1,rs2 あるいは即値,rd

第 2 オペランドがレジスタ rs2 指定ならば形式 3-1 で asi は 0 であり，レジスタ rs1 の内容とレジスタ rs2 の内容との論理和を求め，結果をレジスタ rd に格納する．第 2 オペランドが即値ならば形式 3-2 であり，simm13 に即値が設定され，レジスタ rs1 の内容と即値との論理和を求め，結果をレジスタ rd に格納する．

ニーモニック，対応する op3 フィールド，演算内容を次に記す．

〈ニーモニック〉	〈op3〉	〈演算内容〉
or	000010	論理和演算．
orcc	010010	論理和演算．icc フィールドへの影響あり．
orn	000110	第 2 オペランドに論理否定を施してから論理和演算．
orncc	010110	第 2 オペランドに論理否定を施してから論理和演算．icc フィールドへの影響あり．

(2) 論理積命令

■構文　andX rs1,rs2 あるいは即値,rd

第 2 オペランドがレジスタ rs2 指定ならば形式 3-1 で asi は 0 であり，レジスタ rs1

の内容とレジスタ rs2 の内容との論理積を求め，結果をレジスタ rd に格納する．第2オペランドが即値ならば形式 3-2 であり，simm13 に即値が設定され，レジスタ rs1 の内容と即値との論理積を求め，結果をレジスタ rd に格納する．

ニーモニック，対応する op3 フィールド，演算内容を次に記す．

〈ニーモニック〉　〈op3〉　　〈演算内容〉
and　　　　　　000001　論理積演算．
andcc　　　　　010001　論理積演算．icc フィールドへの影響あり．
andn　　　　　 000101　第2オペランドに論理否定を施してから論理積演算．
andncc　　　　 010101　第2オペランドに論理否定を施してから論理積演算．icc フィールドへの影響あり．

(3) 排他的論理和命令

■構文　xorX rs1,rs2 あるいは即値,rd

第2オペランドがレジスタ rs2 指定ならば形式 3-1 で asi は 0 であり，レジスタ rs1 の内容とレジスタ rs2 の内容との排他的論理和を求め，結果をレジスタ rd に格納する．第2オペランドが即値ならば形式 3-2 であり，simm13 に即値が設定され，レジスタ rs1 の内容と即値との排他的論理和を求め，結果をレジスタ rd に格納する．

ニーモニック，対応する op3 フィールド，演算内容を次に記す．

〈ニーモニック〉　〈op3〉　　〈演算内容〉
xor　　　　　　000011　排他的論理和演算．
xorcc　　　　　010011　排他的論理和演算．icc フィールドへの影響あり．

(4) 反転排他的論理和命令

■構文　xnorX rs1,rs2 あるいは即値,rd

第2オペランドがレジスタ rs2 指定ならば形式 3-1 で asi は 0 であり，レジスタ rs1 の内容とレジスタ rs2 の内容との反転排他的論理和[*5]を求め，結果をレジスタ rd に格納する．第2オペランドが即値ならば形式 3-2 であり，simm13 に即値が設定され，レジスタ rs1 の内容と即値との反転排他的論理和を求め，結果をレジスタ rd に格納する．

ニーモニック，対応する op3 フィールド，演算内容を次に記す．

〈ニーモニック〉　〈op3〉　　〈演算内容〉
xnor　　　　　 000111　反転排他的論理和演算．
xnorcc　　　　 010111　反転排他的論理和演算．icc フィールドへの影響あり．

(5) 論理否定命令

■構文　not r0,rd

合成命令である．レジスタ r0 の内容の論理否定をレジスタ rd に格納する．xnor

---

*5　第2オペランドに論理否定を施してからの排他的論理和演算と同等．

r0,%g0,rdに翻訳される．

（6） 正負逆転命令

■ 構文　neg r0,rd

合成命令である．レジスタr0の内容の2の補数をレジスタrdに格納する．sub %g0,r0,rdに翻訳される．

D.3.3 シフト命令

レジスタの内容を右，あるいは左に移動する命令であり，すべてのシフト命令はiccフィールドに影響を与えない．

3種類のシフト命令がある．それぞれに定数シフト，可変シフトが可能である．定数シフトは，即値でシフトカウント(移動ビット数)を指示する．即値が設定されるshcntフィールド(shcntはshift countの略)は5ビットだから即値は0から31の範囲の整数である．シフト命令を理解する上で必要なシフト演算については5.5節で説明したので必要に応じて参照してほしい．

（1） 論理左シフト命令

■ 構文　sll rs1,rs2あるいは即値,rd　　!shift left logicalの略

op3は100101である．第2オペランドがレジスタrs2指定ならば形式3-1で，asiは0，レジスタrs2の下位(LSB側)5ビットがシフトカウントとなる．第2オペランドが即値ならば形式3-3で，即値がシフトカウントとなる．

この命令は，レジスタrs1の内容をシフトカウント分だけ左にシフトし(空になったLSBには0が入る)，結果をレジスタrdに格納する．

sll命令を用いて，2のべき乗が計算できる．第1オペランドのレジスタrs1に整数が入っているとき，左に1ビットシフトは2倍，2ビットシフトは4倍，3ビットシフトは8倍，nビットシフト[*6]は2^n倍の値が第3オペランドのレジスタrdに格納される．

（2） 論理右シフト命令

■ 構文　srl rs1,rs2あるいは即値,rd　　!shift right logicalの略

op3は100110である．第2オペランドがレジスタrs2指定ならば形式3-1で，asiは0，レジスタrs2の下位(LSB側)5ビットがシフトカウントとなる．第2オペランドが即値ならば形式3-3で，即値がシフトカウントとなる．

この命令は，レジスタrs1の内容をシフトカウント分だけ右にシフトし(空になったMSBには0が入る)，結果をレジスタrdに格納する．

srl命令を用いて2のべき乗による除算が可能である．第1オペランドのレジスタrs1に2^mの倍数の正整数が入っているときは，右に1ビットシフトは1/2, 2ビットシ

[*6] シフト(移動)させすぎによるオーバーフローに注意すること．

フトは 1/4, 3 ビットシフトは 1/8, n ビットシフトは $1/2^n$ の値が第 3 オペランドのレジスタ rd に格納される ($n \leq m$ に注意).

(3) 算術右シフト命令
■ 構文　sra rs1,rs2 あるいは即値, rd　　!shift right arithmetic の略

op3 は 100111 である. 第 2 オペランドがレジスタ rs2 指定ならば形式 3-1 で, asi は 0, レジスタ rs2 の下位 (LSB 側) 5 ビットがシフトカウントとなる. 第 2 オペランドが即値ならば形式 3-3 で, 即値がシフトカウントとなる.

この命令は, レジスタ rs1 の内容をシフトカウント分だけ右にシフトし, (空になった MSB にはレジスタ rs1 のもともとの MSB 値 (符号ビット) が入る), 結果をレジスタ rd に格納する. 算術右シフト命令ではレジスタ rs1 の符号ビットが保存される.

D.3.4 データ転送命令
(1) メモリ命令
SPARC も MIPS と同様, ロードストアアーキテクチャであり, メモリへのアクセスはロード命令とストア命令という二つのメモリ命令のみに許されている.

a. 整数ロード命令
■ 構文　ldX [EA],rd

整数ロード命令は, 第 1 オペランド [EA] で指定されたアドレスに格納されているデータを, 第 2 オペランドのレジスタ rd (あるいはレジスタペア (偶数レジスタ, 奇数レジスタ)) にロードする. ldX の X は, たとえば, ニーモニックが ldsb の場合は sb となる.

ニーモニック, 対応する op3 フィールド, 演算内容を次に記す.

〈ニーモニック〉	〈op3〉	〈演算内容〉
ldsb	001001	符号付きバイトを 1 語に符号拡張し, ロードする.
ldsh	001010	符号付き半語を 1 語に符号拡張し, ロードする.
ldub	000001	符号なしバイトをロードする.
lduh	000010	符号なし半語をロードする.
ld	000000	語をロードする.
ldd	000011	倍長語をレジスタペア (偶数レジスタ rd (上位語), 奇数レジスタ (下位語)) にロードする.

命令形式は形式 3-4 と 3-5 である.

第 1 オペランド [EA] 内に即値を使用する場合は形式 3-5 で, 即値は simm13 に設定される. simm13 フィールドは 13 ビットであるから, $-4096 \leq$ 指定可能な即値 ≤ 4095 である. 第 1 オペランド [EA] 内に即値を使用しない場合は形式 3-4 であり, asi は 0 である.

第1オペランド[EA]により，ロードしたいデータが実際に存在するアドレス(実効アドレス)を指定するが，その方法に次の6種類がある．

《指定法1》 [rs1+rs2]

レジスタrs1の内容とレジスタrs2の内容とを加算した結果が，実効アドレスである．形式3-4である．このアドレス指定はインデックス付きレジスタ間接である．

《指定法2》 [rs1+即値]

レジスタrs1の内容と即値とを加算した結果が実効アドレスである．形式3-5であり，即値はsimm13に設定される．このアドレス指定はディスプレースメント(変位)付きレジスタ間接である．

《指定法3》 [rs1−即値]

レジスタrs1の内容から即値を引いた結果が実効アドレスである．形式3-5であり，即値はsimm13に設定される．このアドレス指定はディスプレースメント付きレジスタ間接である．

《指定法4》 [rs1]

指定法1の[rs1+%g0]と等価である．レジスタ%g0の内容は常に0だからである．

《指定法5》 [即値]

指定法2の[%g0+即値]と等価である．

《指定法6》 [即値+rs1]

指定法2の[rs1+即値]と等価である．

これら6種類の指定法で計算された実効アドレスは，半語境界(ldsh, lduhの場合)，語境界(ldの場合)，倍長語境界(lddの場合)でなければならない．

● 例　ld [%l2+%l4],%l7の実行(表D.3を参照)

ローカルレジスタとメモリの語アドレスの内容が(実行前)のようであったとしよう．このロード命令の実効アドレスはレジスタ%l2の内容とレジスタ%l4の内容とを加算した結果であるから4100_{10}となる．ld [%l2+%l4],%l7を実行すると，(実行後)は，語アドレス4100_{10}番地の内容2_{10}が%l7にロードされている．実行前に%l7に格納されていた値1_{10}は破壊されている．

表 D.3　ld [%l2+%l4],%l7の実行前と実行後

	実行前	実行後
ローカルレジスタ%l2の内容	4096_{10}	同　左
ローカルレジスタ%l4の内容	4_{10}	同　左
ローカルレジスタ%l7の内容	1_{10}	2_{10}
語アドレス4100_{10}番地の内容	2_{10}	同　左

b．整数ストア命令

■ 構文　stX rd,[EA]

第1オペランドで指定したレジスタrdの内容を，第2オペランドで指定したアドレスにストアする．stXのXは，たとえば，ニーモニックがstbの場合はbとなる．ニーモニック，対応するop3フィールド，演算内容を次に記す．

〈ニーモニック〉　〈op3〉　〈演算内容〉
stb　　　　　　000101　最下位バイトをストアする．
sth　　　　　　000110　下位の半語をストアする．
st　　　　　　　000100　1語をストアする．
std　　　　　　000111　倍長語(レジスタペア：偶数レジスタrd(上位語)，奇数
　　　　　　　　　　　　レジスタ(下位語))をストアする．

第2オペランド[EA]内に即値を使用する場合は形式3-5で，即値はsimm13に設定される．simm13フィールドは13ビットであるから，$-4096 \leq$ 指定可能な即値 ≤ 4095 である．第2オペランド[EA]内に即値を使用しない場合は形式3-4であり，asiは0である．

第2オペランド[EA]は，ストア先のアドレス(実効アドレス)を指定する．整数ロード命令の場合と同様の6種類のアドレス指定法がある．実効アドレスは半語境界(sthの場合)，語境界(stの場合)，倍長語境界(stdの場合)でなければならない．

（2）レジスタ間データ転送命令

■ 構文　mov rs1,rd

合成命令である．レジスタrs1の内容をレジスタrdに転送・格納する．add rs1,%g0,rdに翻訳される．

（3）定数ロード命令

■ 構文　set 即値,rd

合成命令である．レジスタrdに即値を格納する．即値は，-2^{31} から $2^{31}-1$ の整数である．

D.3.5　比較命令とテスト命令

（1）比較命令

■ 構文　cmp rs1,rs2 あるいは即値　　！compareの略

合成命令である．これはレジスタrs1の内容とレジスタrs2の内容あるいは即値との大小比較をして，結果をiccフィールドに反映させるという命令である．アセンブラにより減算命令subcc rs1,rs2あるいは即値,%g0に翻訳される．減算命令subccを使用するよりも，比較命令cmpを使用したほうが，人間にとっては，比較のための演算なのだ，つまり大小比較をするのだということが直感的にわかりやすい．

（2） テスト命令

■ 構文　tst rs2　　!test の略

合成命令である．アセンブラにより orcc %g0,rs2,%g0 という機械語命令に翻訳される．レジスタ%g0 の内容は常に 0 だから，これは 0 とレジスタ rs2 の内容との論理和をとり，結果を icc フィールドに反映させる命令である．つまり，tst 命令はレジスタ rs2 の内容が負かどうか，ゼロかどうかをテストする命令である．この場合もテスト命令 tst のほうが，論理命令 orcc よりも直感的であるといえよう．

D.3.6　分　岐　命　令

分岐命令は次の命令ではなく離れた命令へと飛んでいくので飛び物命令などと呼ばれる．分岐命令と次項のジャンプ命令は，処理の流れを制御する命令であるので，制御転送命令あるいは制御命令といわれる．分岐命令の直後の 1 命令は遅延スロット（第 7 章参照）となる．

MIPS と SPARC の違いはいろいろあるが，大きな違いの一つが分岐命令である．MIPS と異なり，SPARC の分岐命令では前述した icc フィールドの各ビットの値に依存して分岐する．よって SPARC アセンブリ言語では分岐に先立ち，icc フィールドの N ビット，Z ビット，V ビット，C ビットに分岐するかどうかを決定する各種条件を設定しておく必要がある．具体的には分岐命令の直前に icc フィールドに影響を与える命令，たとえば subcc を置く．

■ 構文　bx label　　!X の部分には命令ごとに異なる英字が入る．

icc フィールドの各ビットの 0, 1，あるいは各ビットの組み合わせをテスト（論理演算）し，結果が真なら label に飛び，そこにある命令を実行し，結果が偽なら次の命令を実行する．命令形式は形式 2-1 である．op2 フィールドは 010 である．ビット 29 の a は取消ビット（annul bit）といわれる．取消ビットが 1 の場合，遅延スロット内の機械語命令は，条件分岐命令の分岐条件が成立したときのみ実行される[*7]．本節で説明する分岐命令は a（取消ビット）が 0 であり，遅延スロット内の機械語命令は分岐条件の成立，不成立にかかわらず実行される．

形式 2-1 の disp22 フィールドには飛び先までの命令数（PC の指す命令から飛び先命令までの語変位）が入る．実際の飛び先アドレスは，

$$PC + (4 \times \text{sign\_ext}(\text{disp22}))$$

である．この式は，disp22 の値（語変位）を 32 ビットに符号拡張（sign_ext）し，それを 4 倍したもの（バイト変位）を PC（プログラムカウンタの値）に加算し，実際の飛び先アドレス（語アドレス）とする，ということである．オペランドの label をもとに disp22

[*7] 遅延スロットは第 7 章パイプライン処理にて説明した．

に入れる値(語変位)を計算するのはアセンブラの仕事である．condフィールドは分岐命令ごとに異なる．つまりcondフィールドによりどの分岐命令かをCPUは識別する．

iccフィールドの各ビット値による分岐命令には3種類ある．分岐命令直前のiccフィールドを設定する命令のオペランドを符号なし整数として扱う命令，符号付き整数として扱う命令，その両方を扱う命令である．以下，それらについて説明する．

(i) オペランドを符号なし整数として扱う命令

4種類ある．これらのニーモニック，対応するcondフィールド，iccテスト(論理演算)，分岐条件を次に記す．iccテストが真なら分岐条件成立である．

〈ニーモニック〉	〈cond〉	〈iccテスト〉	〈分岐条件〉
bgu	1100	not(C or Z)	大きいならば飛ぶ．branch on greater unsignedの略．
bleu	0100	C or Z	小さいか等しいならば飛ぶ．branch on less or equal unsignedの略．
bcc	1101	not C	大きいか等しいならば飛ぶ．branch on carry clearの略．
bcs	0101	C	小さいならば飛ぶ．branch on carry setの略．

これらの命令でなぜ条件分岐が実現できるかということについて説明する．SPARCではこれらの命令の直前にiccフィールドに影響を与える命令を置く．具体的にはsubccであることが多い．

比較したい二つの値が，レジスタr1とr2に入っているとすると，直前にsubcc %r1,%r2,%g0を置き，iccフィールドのN, Z, V, Cビットを設定しておく．二つの値の大小，iccフィールドの各ビットとiccテスト結果を表D.4に示す．表D.4をみれば，subcc直後のiccテスト結果とbgu, bleu, bcc, bcs命令の分岐条件とが対応していることが理解できよう．

比較したい二つの値が，レジスタと即値である場合は，iccフィールドに影響を与える命令としては，たとえばsubcc %r1,即値,%g0を用いる．表D.4のr2を即値と置き換えることによりそれぞれの分岐命令の動作が理解できると思う．

(ii) オペランドを符号付き整数として扱う命令

4種類ある．これらのニーモニック，対応するcondフィールド，iccテスト，分岐条件を次に記す．iccテスト(論理演算)が真ならば分岐条件成立である．

〈ニーモニック〉	〈cond〉	〈iccテスト〉	〈分岐条件〉
ble	0010	Z or(N xor V)	小さいか等しいならば飛ぶ．branch on less or equalの略．
bg	1010	not(Z or (N	大きいならば飛ぶ．branch on greater

表 D.4 二つの値の大小と icc テスト結果

大小比較	N	Z	V	C	not(C or Z)	C or Z	not C
r1<r2	1	0	0	1	0	1	0
r1=r2	0	1	0	0	0	1	1
r1>r2	0	0	0	0	1	0	1

		xor V))	の略.
bl	0011	N xor V	小さいならば飛ぶ. branch on less の略.
bge	1011	not(N xor V)	大きいか等しいならば飛ぶ. branch on greater or equal の略.

(iii) 両方の場合

8種類ある.これらのニーモニック,対応する cond フィールド, icc テスト, 分岐条件を次に記す. icc テスト(論理演算)が真ならば分岐条件成立である.

〈ニーモニック〉〈cond〉〈icc テスト〉〈分岐条件〉

ba	1000	1	いつも飛ぶ. branch always の略.
bn	0000	0	飛ばない. branch never の略.
bne	1001	not Z	等しくないならば飛ぶ. branch on not equal の略.
be	0001	Z	等しいならば飛ぶ. branch on equal の略.
bneg	0110	N	負ならば飛ぶ. branch on negative の略.
bpos	1110	not N	非負ならば飛ぶ. branch on positive の略.
bvc	1111	not V	オーバーフローでないならば飛ぶ. branch on overflow clear の略.
bvs	0111	V	オーバーフローならば飛ぶ. branch on overflow set の略.

D.3.7 ジャンプ命令

ジャンプ命令も分岐命令と同様に,次の命令ではなく,離れた命令へと飛んでいくので飛び物命令などと呼ばれる.ジャンプ命令と前項の分岐命令は,処理の流れを制御する命令だから,制御転送命令あるいは制御命令といわれる.

ジャンプ命令の直後の1命令は遅延スロット(第7章参照)となる.

(1) call and link 命令

■構文 call label

形式1である. call 命令の置かれているアドレスがレジスタ o7 に格納される. プロ

グラムカウンタの指す call 命令位置と label で示されるラベル位置との距離（語変位）がアセンブラによって計算され，その値が disp30 フィールドに設定される．call 命令により，制御は label に飛ぶが，その飛び先アドレスは

$$PC+(4\times disp30)$$

で算出される．4倍するのはバイト変位を求めるためである．PC はプログラムカウンタの値である．call 命令は無条件の PC 相対ジャンプ命令になっている．

（2） jump and link 命令
■ 構文　jmpl　address,rd

op3 は 111000 である．メモリ命令（ロード命令，ストア命令）におけるアドレス指定は常に角括弧 ［と］ を使用したが，jmpl 命令の第1オペランド address におけるアドレス指定は角括弧なしで指定される．指定法はメモリ命令における6種類の指定法と同じである．address に即値が含まれている場合は形式 3-2 で，レジスタ rs1 の内容と（32 ビットに符号拡張された）即値を加算したアドレスに飛ぶ．即値が含まれていない場合は形式 3-1 であり，asi は 0，レジスタ rs1 の内容とレジスタ rs2 の内容を加算したアドレスに飛ぶ．

飛び先アドレスは語アドレスでなければならないから，加算結果の下位2ビットが 00 でないとき，すなわち 4 の倍数でないときは整列化制約違反であり，アドレス整列化ミスが発生する．

jmpl 命令実行に際しては jmpl 命令の置かれているアドレスがレジスタ rd に格納される．

（3） retl 命令
■ 構文　retl

合成命令であり，サブルーチンからの復帰のために使用される．

retl 命令はアセンブラによって，jmpl　%o7+8,%g0 に翻訳される．%o7 には呼出し側の call 命令のアドレスが入っている．飛び先アドレスが %o7+8 だから，この jmpl 命令により，制御は呼出し側の call 命令の次の次の命令に戻る．戻るのが call 命令の次の命令ではなく，次の次の命令であることに気をつけてほしい．このため SPARC の場合，呼出し側の call 命令の次（遅延スロット）には通常 nop 命令を入れておく．そして nop 命令の次の命令から意味のある命令が始まる．retl 命令でサブルーチンから戻る先はこの意味のある命令である．

D.3.8　サブルーチン呼出し

前項のジャンプ命令を使用したサブルーチン呼出しについて説明する．ただし本付録ではレジスタウィンドウを使用しない．よって以下は引数渡し，返値受け取りにレジスタウィンドウを使用しない場合のサブルーチン呼出しである．

まず，サブルーチン呼出しに関連するレジスタについて再度説明する．スタックポインタは%spと表記され，通常%o6を使用する．SPARCのスタックは，倍長語で整列化されなければならない．よって8バイト刻みで伸び縮みする．そのためスタック領域を確保するときには，スタックポインタのアドレスを8バイトの倍数で減少させる（低位アドレスに向かってスタック領域を増加させていくので）．一方スタック領域を開放するときにはスタックポインタのアドレスを8バイトの倍数で増加させる．

戻り先アドレスを格納するレジスタとして%o7を使用する．inレジスタ(%i0〜%i7)がサブルーチンに引数を渡すための引数用レジスタ，outレジスタ(%o0〜%o5)が返値(戻り値)をサブルーチンから受け取る返値用レジスタとして使用される．作業用レジスタとしてローカルレジスタ(%l0〜%l7)を使用することができる．

サブルーチン内ではスタックの伸縮処理と戻り先アドレスの保存処理を必ず実行する．具体的には，サブルーチンの入り口で，%spのアドレスを減じ，%o7の内容をスタックに退避する．そしてサブルーチンの出口で%o7の内容を復元し，%spのアドレスをもとに戻す．それ以外のレジスタの内容はサブルーチンから戻ってきたとき，破壊されている可能性がある．よって，レジスタの内容をサブルーチンから戻ってきたときも使用したい場合は，保存処理をする必要がある．呼出し側か被呼出し側かのどちらかで保存処理，すなわち，スタックへの退避と復元をすればよい．ここでは，呼出し側で保存処理をすることにする．

サブルーチン呼出しの際の引数渡し，返値受け取りはレジスタにより行うが，渡す引数，受け取る返値が多数の場合はスタックを使用する．

〔メインルーチンによる呼出し〕

① 必要とするスタック領域を確保する．つまり，スタックポインタを進める．スタックポインタのアドレスは8の倍数で減少させることに注意．

② サブルーチンから戻ってきてからも内容を使用する，つまりサブルーチンにより内容を破壊されると困るレジスタをスタックにプッシュする．

③ サブルーチンへの引数値をレジスタ%i0〜%i7に格納する．

④ call命令を実行してサブルーチンに飛ぶ．

⑤ サブルーチンから戻ってきたとき，サブルーチン処理の返値がレジスタ%o0〜%o5に入っている．

⑥ ②でスタックに退避しておいたレジスタを復元する．

⑦ 使用していたスタック領域を開放する．つまりスタックポインタをもとに戻す．

〔被呼出し側〕

① 必要とするスタック領域を確保する．つまりスタックポインタを進める．スタックポインタのアドレスは8の倍数で減少させることに注意．

② スタックに戻り先アドレス(%o7)を退避(プッシュ)する．

③処理を実行する．この中でさらにサブルーチンに飛ぶことが可能である．このときは，さらなるサブルーチンにより内容を破壊されたら困るレジスタをスタックに退避し，飛ぶ直前でさらなるサブルーチンへの引数をレジスタ%i0〜%i7に格納する．さらなるサブルーチンから戻ったとき，返値はレジスタ%o0〜%o5に入っている．スタックに退避しておいたレジスタを復元する．

④処理が終了したら，スタックから戻り先アドレスをポップし，レジスタ%o7へ復元する．

⑤使用していたスタック領域を開放する．つまりスタックポインタをもとに戻す．

⑥処理結果値(戻り値)をレジスタ%o0〜%o5に格納する．

⑦retl命令を用いて呼出し側に戻る．より正確には呼出し側にあるcall命令の次の次の命令に飛ぶ．

D.3.9 その他の命令

(1) sethi命令(set hi-order 22 bitsの略)
- ■構文　`sethi 即値,rd`
- ■構文　`sethi %hi(address),rd`

形式2-2であり，op2は100である．

第1オペランドが即値の場合，即値はimm22に設定される．第2オペランドrdの下位(LSB側)10ビットをゼロにし，上位(MSB側)22ビットに即値を設定する．

第1オペランドが%hi(address)の場合，第2オペランドrdの下位(LSB側)10ビットをゼロにし，上位(MSB側)22ビットにアドレスaddressの内容の上位(MSB側)22ビットを設定する．%hiは上位22ビットを取り出す演算子を表す[*8]．アドレスの指定であるaddressは角括弧なしで指定される．

(2) nop命令
- ■構文　`nop`

形式2-2であり，op2は100，rdは00000，imm22の各ビットは0である．nop命令はプログラムカウンタの値の変更(4増加させる)，1命令分のマシンサイクルの消費以外は何もしない．

[*8] 下位10ビットを取り出す演算子%loもある．

参 考 文 献

[Cohen] Danny Cohen: "On Holy Wars and a Plea for Peace", Computer, **14**, 10, pp. 48-54, October(1981).
  アドレス付け規約にエンディアンという命名をした論文である．ビッグエンディアン方式とリトルエンディアン方式について解説している．
[Farquhar] Erin Farquhar and Philip Bunce: "The MIPS Programmer's Handbook", Morgan Kaufmann(1994).
  MIPS R2000 と R3000 を軸とする MIPS I アーキテクチャのアセンブリ言語命令，機械語命令の説明に多くのページを割いている．合成命令の機械語命令列への翻訳例も多い．豊富なアセンブリ言語プログラム例が掲載されている．
[Macrae] ノーマン・マクレイ著，渡辺正，芦田みどり訳：「フォン・ノイマンの生涯」，朝日選書(1998).
[Heinrich] Joseph Heinrich: "MIPS R4000 Microprocessor User's Manual", Prentice-Hall(1993).
  MIPS R4000 と R4400 を軸にし，MIPS アーキテクチャに関して解説してある．機械語命令についてもページを割いている．本書は SGI Techpubs Library からダウンロード可能である．
[Hoshino] 星野 力：「誰がどうやってコンピュータを創ったのか？」，共立出版(1995).
  コンピュータの歴史を知りたい人に推薦する．資料に基づく記述と，筆者の推量，意見の記述とを分けている．
[Nakazawa] 中澤喜三郎：「計算機アーキテクチャと構成方式」，朝倉書店(1995).
  586 ページもの大著である．コンピュータの仕組みを網羅している．記述は簡潔であり，中級者以上が座右に置き，百科事典的に使用することを薦める．
[Onai] 尾内理紀夫：「パイプライン処理の比喩を求む ナノピコ教室 5 解答編」，bit, 2001 年 4 月号，**33**, 4, pp. 78-80, 共立出版(2001).
[Patterson] ジョン・L. ヘネシー，デイビッド・A. パターソン著，成田光彰訳：「コンピュータの構成と設計第 5 版(上)，(下)」，日経 BP 社(2014).
  MIPS をベースにしたコンピュータの仕組みの書であり，国内外で広く教科書として使用されている．本書を読み，さらに勉強したいという人に薦める．説明はわか

りやすく独学可能．
[Sparc]SPARC International, Inc. 原著，多田好克監訳，相越克久，田中長光訳：「SPARC アーキテクチャ・マニュアル バージョン 8」, Prentice-Hall ＆トッパン(1992)．
SPARC アーキテクチャとアセンブリ言語，機械語について解説してある．この書籍は現在絶版である．ただし，英語のオリジナル版の PDF ファイルが http://www.sparc.com/standards/V8.pdf にある．

[Sweetman]Dominic Sweetman："See MIPS Run", Morgan Kaufmann(1999)．
MIPS アーキテクチャ全般に関して網羅的に解説している．MIPS の命令が簡潔に掲載されている．

[Swift]Jonathan Swift："Gulliver's Travels", Benjamin Mott(1726)．
翻訳書としては，たとえば，平井正穂訳：「ガリヴァー旅行記」，岩波文庫(1980)．

[Wilkes]Maurice V. Wilkes, David J. Wheeler and Stanley Gill："The Preparation of Programs for an Electronic Digital Computer, Second Edition", Addison-Wesley(1957)．
EDSAC を軸としたコンピュータの仕組み，機械語命令とそのプログラミングの書である．古い本であり，絶版である．

索　引

ア　行

アーキテクチャ　19
アキュムレータ　7
アキュムレータアーキテクチャ　45
アクセス時間　116
アセンブラ　22, 24
アセンブラ指令　79, 80
アセンブリ言語　22, 162
アセンブリ言語命令　79, 162
後入れ先出し　77
アドレス空間　6
アドレス指定　49, 92
アドレス修飾　52
アドレス付け規約　57
アドレスバス　10
アドレス変換　130
アドレス変換バッファ　132
あふれ　37, 68
アラインメント制約　56

1オペランド形式　45
1の補数　35, 37
1ビット全加算器　65
1ビット半加算器　65
一貫性制御　125
インターロック　141
インデックス修飾レジスタ間接　51, 55
インデックスレジスタ指定　53
インデックスレジスタ修飾　53

ウィルクス　4

エッカート　2
演算パイプライン処理　102
エンディアン方式　57

置き換えアルゴリズム　126
オーバーフロー　37, 68
オーバーヘッド　108
オーバーレイ　135
オブジェクトコード　25
オペコード　48, 82
オペランド　45
オペランドアドレス　49
オペランド形式　44
オペランドデータ　49
オペレーティングシステム　21

カ　行

外部バス　10
加算命令　84, 166
仮想アドレス　128
仮想記憶方式　127
仮想ページ番号　129
可変シフト　74, 89
間接アドレス指定　50

記憶階層　116
機械語　21, 79, 162
機械語命令セット　23
機械語命令の形式　82, 165
擬似操作　163
基数　29
基数変換　30
擬補数　35
キャッシュアクセス　123

キャッシュセット番号　134
キャッシュ方式　118
キャリービット　65
競合　109
局所性原理　117
近似的LRU　127
近似的LFU　127

空間的局所性　117
クロックサイクル　16, 107
クロックサイクル時間　15
クロック周波数　16
クロックスキュー　109
クロックパルス　15
加え戻し法　70

ゲタ履き表現　41
けち表現　41
言語階層　20
減算命令　85, 168

高級言語　22
合成命令　80, 163
構造ハザード　110
構文　79, 162
固定小数点表記　40
コントロールバス　10
コンパイラ　23
コンピュータの世代　1

サ　行

サイクル時間　117
再配置可能　52
サブルーチン　74

索引

サブルーチン呼出し 98, 179
3 オペランド形式 45
算術右シフト命令 89, 173
算術命令 84, 166

時間的局所性 117
自己相対アドレス指定 52
システムプログラム 21
実効アドレス 49
実数 39
シフト演算 73
シフトカウント 74
シフト命令 88, 172
ジャンプ命令 97, 178
周辺装置 8, 137
10 進整数から M 進数への変換 31
順次桁上げ加算器 67
条件分岐命令 95
乗算 68
乗算回路 69
乗算命令 85, 168
小数点以下の 10 進数の M 進数への変換 32
情報量 26
剰余の符号 73
除算 70
除算回路 71
除算命令 86, 169
シリアルインタフェース 137
真補数 35
真理値表 62

スタック 76
スタックポインタ 77, 81, 165
ステージ 106
ストア 46
ストアドプログラム方式 3
ストア命令 92
ストール 109
スループット 102
スループット向上比 105, 107

制御転送命令 95, 97, 176, 178
制御ハザード 111
制御命令 95, 97, 176, 178

整数ストア命令 175
整数 2 進-16 進変換 33
整数 2 進-8 進変換 34
整数ロード命令 173
正負逆転命令 172
整列化制約 56
セグメント方式 131
絶対アドレス指定 49
セット 121
セットアソシアティブ方式 119
セレクタチャネル 142
ゼロ拡張 87
ゼロレジスタ 81, 164
線形アドレス空間 5
セントロニクス 138

相対アドレス指定 51
即値 46
即値アドレス指定 54
ソフトウェア階層 20

タ 行

ダイレクトマップ方式 124
ダーティビット 126

遅延スロット 112
遅延分岐 112
逐次制御方式 5
蓄積プログラム方式 3
注釈 82, 165
直接アドレス指定 49

定数シフト 74
定数設定命令 93
定数ロード命令 175
ディレクトリ部 122
テスト命令 176
データ転送命令 90, 173
データハザード 113
データバス 10

動的再配置 135
取消ビット 176

ナ 行

内部バス 10
ナノ秒 107

2 オペランド形式 45
2 の補数 35, 37
ニーモニック 44, 80
入出力インタフェース 137
入出力制御 139
入出力チャネル方式 141

ノイマン型コンピュータ 1, 5
ノーライトアロケート 125

ハ 行

排他的論理和 62
排他的論理和命令 88, 171
バイト 6
バイトアドレス 56
バイトマルチプレクサチャネル 142
バイパス法 114
パイプライン処理 102
パイプラインの段数 106
パイプラインピッチ 108
ハザード 109
バス 10
ハードウェア階層 20
ハーバードアーキテクチャ 111
バブル 109
パラレルインタフェース 138
反転排他的論理和命令 171
汎用レジスタ 81
汎用レジスタアーキテクチャ 9, 47

比較命令 94, 175
引き戻し法 70
左シフト 74
ビッグエンディアン方式 58
ピッチ 109
ヒット 119

索　引

ビット　26
ヒット率　119
否定　62
否定論理和命令　87
被呼出し側　76

フォーワーディング　114
フォン・ノイマン　3
フォン・ノイマンの隘路　7, 116
フォン・ノイマン・ボトルネック　7, 116
符号拡張　38
符号付き　38
符号付き絶対値　37, 40
符号なし　38
符号ビット　38
負数の加算　35
プッシュ　77
物理アドレス　128
物理インデックス・物理タグ方式　134
物理ページ番号　129
浮動小数点数表記　40
フルアソシアティブ方式　125
ブール代数則　61
プログラム階層　20
プログラム外部供給方式　3
プログラムカウンタ　9
プログラム可変内蔵方式　5
プログラム固定内蔵方式　3
プログラム内蔵方式　3
プログラム内命令数　15
プログラム入出力方式　139
プロセッサステータスレジスタ　167
ブロック　121
ブロックサイズ　121
ブロック内オフセット　120, 134
ブロックフレーム　121
ブロックマルチプレクサチャネル　142
分岐遅延　111
分岐遅延スロット　112
分岐命令　95, 176

平均情報量　28
ページ化セグメント方式　132
ページ内オフセット　129
ページ表　130
ページフォールト　129
ページ方式　129
ベース修飾　52
ベース相対インデックス修飾　54, 55
ベースレジスタ修飾　52
ベースレジスタ相対アドレス指定　52
ベンチマークテスト　17

補数　35
ポップ　77
翻訳階層　23

マ　行

マイクロプロセッサ　11

右シフト　74
ミス　119
ミス率　119

無条件分岐命令　96

命令オペレータ　44, 48, 80
命令セット　23
命令セットアーキテクチャ　23
命令デコーダ　9
命令パイプライン処理　102
命令レジスタ　9
メインルーチン　75
メモリアクセス　116
メモリアクセス時間　116
メモリオペランド　49
メモリ階層　116
メモリ間接アドレス指定　50
メモリ共用　135
メモリ空間　6
メモリサイクル時間　117
メモリスチール　141
メモリマップ入出力方式　139
メモリ命令　90, 173

メモリ-メモリ型アーキテクチャ　48
モークリー　2

ヤ　行

呼出し側　76

ラ　行

ライトアロケート　126
ライトスルー　125
ライトバック　126
ラッチ遅延　109
ラベル　79, 162

リテラル形式　54
リトルエンディアン方式　59

レイテンシ　102
レジスタ　164
レジスタオペランド　49
レジスタ間接アドレス指定　51
レジスタ間データ転送命令　94, 175
レジスタ直接指定　49
レジスタ-メモリ型アーキテクチャ　47
レジスタ-レジスタ型アーキテクチャ　46
連想度　121

ロード　46
ロードストアアーキテクチャ　47
ロード命令　90
論理演算　61
論理積　62
論理積命令　87, 170
論理左シフト命令　88, 172
論理否定　62
論理否定命令　88, 171
論理右シフト命令　89, 172
論理命令　87, 170
論理和　62

論理和命令　87, 170

ワ 行

和ビット　65

欧　文

ALU　61, 66
AND 演算子　62
AND ゲート　63

bit　27

C ビット　168
call and link 命令　178
CISC　12, 55
CPI　16
CPU　8
CPU 実行時間　15

DMA 方式　140
DRAM　128

EDSAC　4, 6, 143
　——B レジスタ法　145
　——インデックス修飾　146
　——サブルーチン　146
　——プログラミング　143
　——プログラム可変法　144
EDVAC　3
ENIAC　2

FIFO　127

I 形式　83
icc フィールド　167
IEEE　40
IEEE1394　138

IEEE 標準規格の 2 進浮動小数
　　点数表記　40
　——正規化数　42
　——不正規化数　42

J 形式　83
jump and link 命令　179

LFU　127
LRU　127
LSB　30
LSD　29

mfhi 命令　94
mflo 命令　94
MIPS　14
　——シミュレータ　148
　——乗算合成命令　158
　——除算合成命令　158
　——比較合成命令　159
　——分岐合成命令　160
　——合成命令　158
MIPS 値　17
MPU　11
MSB　30
MSD　29

N 進数から 10 進数への変換
　　30
N ビット　167
nop 命令　101, 181
NOT ゲート　63
nsec　107

OR 演算子　62
OR ゲート　63
OS　21

PC　9

PCSpim　149
PC 相対アドレス指定　52
PSR　167

R 形式　82
retl 命令　179
RISC　12, 55
RS-232C　137

SCSI　138
sethi 命令　181
SPARC　14
SPIM　148
　——Console 画面　152
　——File メニュー　149
　——Simulator メニュー
　　150
　——アセンブラ指令　152
　——システムコール　152
　——データセグメント表示区
　　画　151
　——ツールバー　149
　——テキストセグメント表示
　　区画　151
　——プログラム例　153
　——メッセージ表示区画
　　152
　——メニューバー　149
　——レジスタ表示区画　151

TLB　132
TLB セット番号　134
TLB タグ　134

USB　138

V ビット　167

Z ビット　167

著者略歴

尾内　理紀夫（おない　りきお）

国立大学法人 電気通信大学名誉教授, 工学博士（東京大学）
1973年　東京大学理学部物理学科卒業
1975年　東京大学大学院理学系研究科物理学専攻修士課程修了
　　　　日本電信電話公社(現日本電信電話株式会社)入社
　　　　NTT基礎研究所を経て2000年〜2015年電気通信大学教授
　　　　この間, 1982年〜1985年　（財）新世代コンピュータ技術開発機構
　　　　1998年〜1999年　（技）新情報処理開発機構

著　書　「Occamとトランスピュータ」（共立出版）
　　　　「マルチメディアコンピューティング」（コロナ社）
訳　書　「はやわかりオブジェクト指向」（共立出版）
　　　　「MITのマルチメディア」（アジソン・ウェスレイ）
編　著　「オブジェクト指向コンピューティングⅢ」（近代科学社）
　　　　「インタラクティブシステムとソフトウェアⅤ」（近代科学社）

情報科学こんせぷつ1
コンピュータの仕組み　　　　　　　　定価はカバーに表示

2003年3月20日　初版第1刷
2022年8月25日　　　第11刷

　　　　　　　　　　　著　者　尾　内　理　紀　夫
　　　　　　　　　　　発行者　朝　倉　誠　造
　　　　　　　　　　　発行所　株式会社　朝　倉　書　店
　　　　　　　　　　　　　　　東京都新宿区新小川町6-29
　　　　　　　　　　　　　　　郵便番号　162-8707
　　　　　　　　　　　　　　　電　話　03(3260)0141
　　　　　　　　　　　　　　　FAX　03(3260)0180
〈検印省略〉　　　　　　　　　　https://www.asakura.co.jp

© 2003〈無断複写・転載を禁ず〉　　　　Printed in Korea

ISBN 978-4-254-12701-0　C 3341

JCOPY　〈出版者著作権管理機構　委託出版物〉

本書の無断複写は著作権法上での例外を除き禁じられています. 複写される場合は, そのつど事前に, 出版者著作権管理機構（電話 03-5244-5088, FAX 03-5244-5089, e-mail: info@jcopy.or.jp）の許諾を得てください.

好評の事典・辞典・ハンドブック

数学オリンピック事典	野口　廣 監修 B5判 864頁
コンピュータ代数ハンドブック	山本　慎ほか 訳 A5判 1040頁
和算の事典	山司勝則ほか 編 A5判 544頁
朝倉 数学ハンドブック［基礎編］	飯高　茂ほか 編 A5判 816頁
数学定数事典	一松　信 監訳 A5判 608頁
素数全書	和田秀男 監訳 A5判 640頁
数論＜未解決問題＞の事典	金光　滋 訳 A5判 448頁
数理統計学ハンドブック	豊田秀樹 監訳 A5判 784頁
統計データ科学事典	杉山高一ほか 編 B5判 788頁
統計分布ハンドブック（増補版）	蓑谷千凰彦 著 A5判 864頁
複雑系の事典	複雑系の事典編集委員会 編 A5判 448頁
医学統計学ハンドブック	宮原英夫ほか 編 A5判 720頁
応用数理計画ハンドブック	久保幹雄ほか 編 A5判 1376頁
医学統計学の事典	丹後俊郎ほか 編 A5判 472頁
現代物理数学ハンドブック	新井朝雄 著 A5判 736頁
図説ウェーブレット変換ハンドブック	新　誠一ほか 監訳 A5判 408頁
生産管理の事典	圓川隆夫ほか 編 B5判 752頁
サプライ・チェイン最適化ハンドブック	久保幹雄 著 B5判 520頁
計量経済学ハンドブック	蓑谷千凰彦ほか 編 A5判 1048頁
金融工学事典	木島正明ほか 編 A5判 1028頁
応用計量経済学ハンドブック	蓑谷千凰彦ほか 編 A5判 672頁

価格・概要等は小社ホームページをご覧ください．